# 山东省水资源可持续利用研究

杜贞栋　李福林　范明元
刘青勇　刘　健　卜庆伟　编著
陈学群　张保祥　林　琳

U0285847

黄河水利出版社
·郑州·

## 内 容 提 要

本书以可持续发展理论为指导,依据山东省水资源开发利用条件及社会经济发展需求,提出了实现水资源可持续开发利用的总体思路,分别建立了山东半岛蓝色经济区、黄河三角洲高效生态经济区、济南省会都市圈、鲁西北沿黄经济带和鲁南经济带水资源可持续利用模式。同时,针对各经济区突出的水资源问题,开展了典型研究,提出了解决的思路和对策措施。该书对于我国北方缺水地区提高水资源开发利用水平、保护生态环境、实现水资源可持续利用具有重要的参考价值和借鉴意义。

本书可供从事水资源管理、科研工作者以及相关专业的高等院校师生阅读参考。

**图书在版编目(CIP)数据**

山东省水资源可持续利用研究/杜贞栋等编著. ——
郑州:黄河水利出版社,2011.12
ISBN 978 - 7 - 5509 - 0150 - 6

Ⅰ.①山…　Ⅱ.①杜…　Ⅲ.①水资源利用 - 研
究 - 山东省　Ⅳ.①TV213.9

中国版本图书馆 CIP 数据核字(2011)第 248459 号

组稿编辑:王路平　电话:0371 - 66022212　E-mail:hhslwlp@126.com

出　版　社:黄河水利出版社
　　　　　地址:河南省郑州市顺河路黄委会综合楼14层　邮政编码:450003
发行单位:黄河水利出版社
　　　　　发行部电话:0371 - 66026940、66020550、66028024、66022620(传真)
　　　　　E-mail:hhslcbs@126.com
承印单位:河南地质彩色印刷厂
开本:850 mm × 1 168 mm　1/32
印张:5.5
字数:160 千字　　　　　印数:1—2 400
版次:2011 年 12 月第 1 版　　印次:2011 年 12 月第 1 次印刷
定价:22.00 元

# 序

  水资源是既不可或缺又无以替代的自然资源、经济资源、战略资源。水资源的可持续利用是区域经济社会可持续发展的必要前提、先决条件。

  人多、地少、水缺是山东的基本省情。随着工业化、城镇化的进程加快和全球气候变化的影响，水资源短缺导致的"瓶颈"制约将更加凸显。

  围绕实施重点区域带动战略，加快建设经济文化强省，研究探索保障全省水资源可持续利用的路子和方法是水利改革发展面临的重大而紧迫的战略任务。

  山东省水利科学研究院以科学发展观为指导，立足山东省基本省情，着眼未来长远发展，组织专门力量在系统调查研究和专项科学试验的基础上，编著了《山东省水资源可持续利用研究》一书。针对不同区域类型相应提出了水资源可持续利用的模式，对于指导全省统筹治水、科学用水、依法管水，实现水资源的可持续利用，支撑和保障经济社会的可持续发展颇具积极意义。

  期望全省广大水利工作者以对未来长远发展高度负责的历史使命感和饱满的政治热情，倾注山东水资源可持续利用研究，躬身投入加快水利改革发展的伟大实践，与全省人民一道打造现代水利示范省，创造盛世兴水新业绩！

  是为序。

2011 年 11 月

# 前　言

　　山东省是我国水资源较为匮乏的省份之一,人均水资源占有量为322 $m^3$,水资源利用程度达到 0.53。按照瑞典科学家弗肯马克提出的水资源压力指数,属于人均水资源占有量小于 500 $m^3$ 的严重缺水地区;按照世界经济合作与发展组织提出的水资源紧缺指标,属于"高水资源压力地区"。山东省不仅水资源总量不足、时空分布不均,而且开发利用程度高,过度开发利用导致了河道断流、湿地萎缩、地下水漏斗区扩大、沿海海水入侵等一系列环境问题,严重制约了经济社会的可持续发展。

　　近年来,山东省委、省政府对加快经济文化强省建设做出了总体部署,山东半岛蓝色经济区、黄河三角洲高效生态经济区建设已上升为国家发展战略,对水资源保障提出了更高的要求。可以预见,在未来一段时期水资源供需矛盾将十分突出,这就迫切要求尽快转变用水方式、调整用水结构、提高用水效率。为此,山东省在全国率先开展了最严格水资源管理制度的试点,颁布实施了《山东省用水总量控制管理办法》。这些举措对促进全省水资源利用方式的转变产生了积极的影响。在这一新形势下如何立足山东省水资源的实际,借鉴国内外成功经验,深入研究山东省水资源的可持续利用模式,对于以用水方式的转变促进山东省经济发展方式的转变具有重要的现实意义。

　　本书是在水利部公益性行业科研专项经费项目"黄河三角洲水资源优化配置与适应性技术研究"(编号为 200801026)以及山东省水利厅"山东省水资源可持续利用模式研究"调研课题的基础上完成的。全书以可持续发展理论为指导,在总结国内外水资源利用经验的基础上,依据山东省水资源开发利用条件及社会经济发展需求,构建了山东省水资源可持续开发利用的总体思路,提出了山东半岛蓝色经济区、黄河三角洲高效生态经济区、济南省会都市圈、鲁西北沿黄经济带和鲁南经济带等典型区域的水资源可持续利用模式，开展了典型实例研究，给出了解决水资源利用问题的对策措施。

　　本书编写人员及编写分工如下：第一章由杜贞栋、张保祥、刘健完成；第二章由李福林、范明元、林琳完成；第三章由刘青勇完成；第四章由卜庆伟完成；第五章由刘健完成；第六章由范明元完成；第七章由陈学群完成；第八章由杜贞栋完成；全书由杜贞栋统稿。本书在编写过程中，得到了山东省水利厅杜昌文厅长、刘勇毅副厅长的大力支持和精心指导，以及水利厅各处室和相关地市的大力帮助，杜厅长专门为本书作序，对全省水资源开发利用的总体思路作了两次修改，在此一并表示衷心的感谢！

　　本书只是在山东省各典型区域水资源可持续利用模式方面开展了探讨，期望能对山东省乃至中国北方缺水地区的水资源可持续利用起到一定的借鉴作用。限于作者水平，书中难免存在一些不足之处，敬请广大读者批评指正。

**作 者**

2011 年 10 月

# 目 录

# 第一章　国内外水资源利用模式

## 第一节　国外典型的水资源可持续利用模式

水资源可持续利用是一个世界性的难题。1972年后,联合国多次指出:"石油危机之后,下一个危机便是水","水,不久将成为一个深刻的社会危机","目前地区性的水危机可能预示着全球性危机的到来"。全球用水量在20世纪增加了6倍(是人口增速的2倍),全球水资源压力越来越大。全球变暖、冰盖融化、极端气候变化等使水资源可持续利用面临的问题越来越突出。长期以来,世界各缺水国家和地区都围绕水资源可持续利用问题做了大量探索,取得了很多成功的经验,概括起来,主要包括以下几种模式。

### 一、开源、调水的水资源利用模式

世界各国把修建蓄水水库和跨流域调水工程作为解决降水和水资源时空分布不均衡的主要手段之一。目前,世界上有39个国家修建了345个调水工程,年调水量5 971亿 m³。

美国已建的跨流域调水工程有10多处,主要为灌溉和供水服务,兼顾防洪与发电,年调水总量达200多亿 m³。其中,规模最大的加利福尼亚州北水南调工程,年调水量90亿 m³,总扬程1 151 m,居世界现有调水工程之首。该工程不仅保证了以洛杉矶为中心的加利福尼亚州南部6个城市1 700多万人生活、工业和环保等的用水需求,将昔日干旱荒凉的南加利福尼亚州建设成景色宜人的绿洲,而且将加利福尼亚州发展成美国灌溉面积最大、粮食产量最高的州,并兼顾了生态、生产和生活三个层面。美国其他调水工程还有:科罗拉多—大汤普森工程、中央河谷工程、中部亚利桑那工程等。以色列1947年开始相继建成多条输水管道系统以及全国输水管道,把北部地区相对丰富的水源引到南部干旱地区,其北水南调工程于 1964 年建成,总投资 1.47 亿美元,每年从北部的加利列湖抽水 3 亿 ~ 5 亿 $m^3$,输送到 130 km 以外的以色列中部,再将按照国家饮用水标准处理过的水输送到中部地区和南部的沙漠地带。加拿大于 1974 年动工兴建的魁北克调水工程,引水流量 1 590 $m^3/s$,调水的主要目的在于发展水电,总装机容量达 1 019 万 kW,年发电量 678 亿 kWh,同时兼顾了农田灌溉和城市生活供水。俄罗斯已建的大型跨流域调水工程有 15 处,年调水总量达 600 多亿 $m^3$。举世瞩目的是欧洲部分的北水南调工程和亚洲部分的东水西调工程。调水的目的主要用于农田灌溉。这些工程中较著名的有伏尔加—莫斯科调水工程、纳伦河—锡尔河调水工程、库班河—卡劳期河调水工程、瓦赫什河—喷什河调水工程等。澳大利亚于 1949 ~ 1975 年期间修建了第一个调水工程——雪山工程,该工程在雪山山脉的东坡修建蓄水水库,将东坡斯诺伊河的部分多余水量引调至西坡 2 000 $km^2$ 的缺水区,其调水目的在于发展水电,同时兼顾农田灌溉用水。法国迪郎斯—凡尔顿调水工程于 1964 年动工兴建,1983 年建成,调水的目的在于发展水电、农业用水和生活用水,年发电量 5.75 亿 kWh,设计灌溉面积 6 万 $hm^2$,可供 150 万人饮水。埃及和平渠引水工程西起尼罗河的支流杜米亚特河,向东穿过苏伊士运河将尼罗河水引到西奈半岛,全长 242 km,总投资约 16.7 亿美元。新河谷引水工程正在建设中,水渠总长 850 km,建成后将使更大范围的沙漠地区得到开发。巴基斯坦西水东调工程,从西三河向东三河调水,调水总流量高达 2 915 $m^3/s$,年平均调水量 222 亿 $m^3$,灌溉农田 155 万 $hm^2$。该工程使印度河平原的灌溉体系得到了进一步完善,并使东三河流域广大平原地区的农业、牧业、工业等获得持续不断的发展,使巴基斯坦由粮食进口国变成粮食出口国。

除上述国家已建调水工程外,还有一些国家正在建设或计划建设调水工程,如印度为了增加农业灌溉,计划将布拉马普特拉河的丰富水量调到印度南部和西部缺水地区,将西流诸河水东调,使原来流入阿拉伯海的 2 100 亿 $m^3$ 水得以充分利用。西班牙环境部制定了一项以跨十大流域调水为基础、总体解决西班牙内陆水资源分布不均衡的规划，计划建设一批大型跨流域调水工程，将埃布罗和塔霍两河流域的多余水资源调至地中海沿岸地区。约旦正在投资 6.2 亿美元建设 320 km 长的输水管道，将南部迪西地区的地下水引入首都安曼及周围地区，以期每年增加供水量 1 亿 $m^3$。

## 二、发展节水缓解水资源供需矛盾的可持续利用模式

国外的节水措施主要包括三个方面：一是生产范畴的节水，如调整产业结构及其内部结构，改进生产力布局，完善生产制度，提高生产技术等；二是产业管理范畴的节水，包括管理政策、管理体制与管理机构，水价与水费政策，配水的控制与调节等；三是灌溉范畴的节水，包括灌溉工程的节水措施和节水灌溉技术等。

美国在 20 世纪 50 年代就开始普遍推广农业节水灌溉。目前，喷灌、滴灌面积已占整个灌溉面积的一半，且与农作物施肥、农药使用相结合。其他则采用激光平地后的沟灌、涌流灌等节水措施。通过节水，使占美国全部耕地面积 15% 的灌区所创造的农业产值达到全国农业总产值的 40%。在生活节水方面，主要通过提高民众节水意识，推广节水产品和新技术来实现。以色列是世界上节水灌溉最发达的国家之一，先进的节水灌溉技术为农业现代化发挥了极其重要的作用。农业灌溉已经由明渠输水变为管道输水，由自流灌溉变为压力灌溉，由粗放的传统灌溉方式变为现代化的自动控制灌溉方式，由根据灌溉制度灌溉变为按照作物的需水要求适时、适量灌溉，实现了农业灌溉领域的一场革命。此外，以色列国家水利管理委员会负责实施工农业用水和生活用水配额制，每年先把 70% 的用水配额分配给有关用水单位，其余 30% 的用水配额则根据总降水量予以分配。为鼓励节水，用水单位所缴纳的用水费用是按照其实际用水配额的百分比计算的，超额用水，加倍付款。澳大利亚有 70% 的地区降水量小于 500 mm，易发生旱灾。通过采用节水灌溉新技术，把水和肥料溶液直接滴灌在作物的根部，不但省大量水肥，收获 90% 的优质蔬菜（传统的灌溉方法只收获到 60%～70%），而且多余的肥料不致污染渠水。约旦政府为减少农业

用水,加大调整农业结构力度,逐步限制高耗水作物而改种低耗水作物,将大水漫灌和喷灌改造成滴灌,并尽量使用低质水和河水及库水灌溉农田。植树造林方面弃用高耗水树种,改用耐干旱的低耗水树种。此外,政府对城市用水实行计划用水管理和经济调节手段,每周向家庭用户供水一次,供水量 $1 \sim 4 \ m^3$,不足者自行到市政供水车购买议价水。对工业企业也实行定额配给,出现超计划用水必须缴纳超计划加价水费。日本很多地方冲洗厕所均使用工厂废水,水龙头大多采用伸手即出水的自动感应装置。各大企业也都竞相开发节水产品,如节水洗碗机、节水洗衣机等,多数城市鼓励和奖励使用节水型器具。

## 三、基于水市场的水资源可持续利用模式

国外水市场包括水资源市场和水产品市场、正规水市场与非正规水市场、现货水交易市场、应急市场和永久性水权转让市场、水权租赁市场、地表水市场和地下水市场等不同的类型。

美国的水权转让类似于不动产转让,转让程序一般包括公告、州水管理机构或法院批准。美国西部是经济增长最快的地区,也是水资源最缺乏的地区。在 20 世纪 80 年代,美国西部的水市场还仅仅称为准市场,是不同用户之间水权转让谈判的自发性小型聚会;1988 年美国联邦垦务局宣布将自己定位为水市场的服务商,制定了买卖联邦供应用水的规章,目前已经发展成为水资源营销和在因特网上进行频繁交易的水市场。近年来,美国西部出现了水银行交易体系,即按照每年的来水量把水权分成若干份,以股份制形式对水权进行管理,简化了水权交易程序。在美国的德克萨斯州,99% 的水交易是从农业用水转为非农业用水,使水资源的经济价值得以充分发挥。

澳大利亚在 20 世纪 80 年代,一些州政府通过规定,允许老用水户将自己节省下来的使用权有偿转让给新用水户,逐步停止对新取水的审批,新用水户只能到水权交易市场上购买水权。

新加坡 85% 的水都是从马来西亚购买的,期限 60 年。新加坡从马来西亚买来原水再制成水产品,销回马来西亚,这被认为是国际上最典型的水权交易的例子。

此外,加拿大和日本等国也在努力培育和发展水市场,积极开展水权交易;墨西哥、巴基斯坦、印度、菲律宾等一些发展中国家也在尝试通过建立水市场进行水权的转让。

## 四、非常规水利用模式

### (一)海水淡化

海水淡化是缓解淡水资源短缺的重要途径。以色列 2005 年日产海水淡化水量达 73.8 万 $m^3$,70% 的饮用水源来自于海水淡化水;阿联酋 2003 年日产海水淡化水量达 546.6 万 $m^3$,饮用水主要依赖海水淡化;意大利西西里岛 500 万居民,2005 年日产海水淡化水量为 13.5 万 $m^3$,占全部可饮用水的 15% ~ 20%。

### (二)污废水利用

以色列非常重视废水的回收利用,是世界上废水利用率最高的国家之一,城市废水回收率达 40% 以上,每年大约有 2.3 亿 $m^3$ 经过处理的废水用于农业生产,其水费按照洁净水费的 1/3 收取。净化后的污水用于农业灌溉,缓解了缺水的矛盾,使更多的优质淡水作为家庭用水和其他用水,减少了污染,以色列计划未来农业灌溉全部采用污水再处理后的循环水。

### (三)雨水利用

雨水利用在世界上已受到广泛的关注,成为解决 21 世纪水资源短缺的重要途径。美国制定了《雨水利用条例》,规定新开发区的暴雨洪水洪峰流量不能超过开发前的水平,所有新开发区必须实行强制的就地滞洪蓄水。很多城市建立了屋顶蓄水和由入渗池、井、草地、透水地而组成的地表回灌系统。英国泰晤士河水公司设计了英国 2000 年的展示建筑——世纪圆顶示范工程,该建筑物内每天回收 500 $m^3$ 水用以冲洗该建筑物内的厕所,其中 100 $m^3$ 为从屋顶收集的雨水,成为欧洲最大的建筑物内的水循环设施。德国利用公共雨水管收集雨水,从屋顶、周围街道、停车场和通道收集的雨水通过独立的雨水管道进入地下贮水池,经简单的处理后,用于冲洗厕所和浇洒庭院。德国还制定了一系列有关雨水利用的法律法规,若无雨水利用措施,政府将征收雨水排放设施费和雨水排放费。丹麦在城市地区从屋顶收集雨水,收集后的雨水经过收集管底部的预过滤设备,进入贮水池进行贮存。使用时利用抽水泵经进水口的浮筒式过滤器过滤后,用于冲洗厕所和洗衣。每年能从居民屋顶收集 645 万 $m^3$ 的雨水,占居民冲洗厕所和洗衣实际用水量的 68% ,占居民用水总量的 22% 。日本于 1992 年颁布了"第二代城市下水总体规划",正式将雨水渗沟、渗塘及透水地面作为城市总体规划的组成部分。1963 年开始兴建滞洪和贮蓄雨水的蓄洪池,将蓄洪池的雨水用做喷洒路面、灌溉绿地等城市杂用水。这些设施大多建在地下,而建在地上的也尽可能满足多种用途,如在调洪池内修建运动场,雨季用来蓄洪,平时用做运动场,因此运动场也成为了蓄水池。印度是一个缺水大国,收集雨水成为该国解决水资源短缺问题的主要途径,鼓励收集雨水是许多印度地方政府的一贯方针。在一些贫穷的边远地区,当地政府通过居民筹资、政府部分投资和非政府组织捐资等手段,为农民修建了不少雨水收集设施。一些大型的雨水接收装置还有社区专人管理,统一分配用水。它的主要形式有:在农村直接从屋顶收集雨水,导入院内的贮水池;在大城市的机场、立交桥和跑道也是雨水收集的重要场所。

**（四）利用雾和露**

在智利、秘鲁以及沿海岛屿都有利用人工表面或简单的装置使雾和露凝固成水。如智利某地一年可以收集雾水 860 mm（该地降水量仅 60 mm）。智利的 El Tofo 村庄有总面积为 2 400 $m^2$ 收集装置,每平方米每天可以收集 5 ~ 6 L 露水,贮存于容积为 2.4 万 L 的容器中,以供饮用,每平方米的收集装置成本低于 1.0 美元。

## 五、基于流域管理的水资源可持续利用模式

美国的田纳西流域、德国的鲁尔流域等都是成功的流域管理典范,他们的共同特点是:流域管理是基于法律规定的流域综合管理,与流域有关的政府管理者、土地使用者、供用水单位等均按照法定程序参与流域管理;管理手段先进,建立了丰富的技术数据库、信息平台和监测系统;特别注重分散式水管理,从流域最上端就重视水资源的高效利用、

保护和管理,把复杂的水问题分散解决,不仅减少了洪涝灾害,提高了水的利用效率,还改善了生态环境。

# 第二节　国内典型的水资源利用模式

## 一、黄河流域水资源统一管理和调度模式

黄河流域面积达 75.24 万 $km^2$,流经青海、四川、甘肃、宁夏、内蒙古、陕西、山西、河南、山东等 9 个省(区),是我国西北、华北地区的重要水源。为了实现黄河水资源的可持续利用,1998 年国家计划委员会、水利部联合颁布实施《黄河水量调度管理办法》,授权黄河水利委员会(简称黄委)根据国务院"87"分水方案,按照同比例丰增枯减的原则,统一管理与调度黄河水资源。

沿黄的各省(区)市根据引黄配额,优化配置当地地表水、地下水和黄河客水,实行水资源统一调度。如宁夏多年平均用水量 84.3 亿 $m^3$,其中引黄河水 75.2 亿 $m^3$,电厂、造纸厂等企业直接从黄河提水 1.4 亿 $m^3$,取用当地地表水 1.1 亿 $m^3$,取用地下水 6.6 亿 $m^3$。黄河水多用于黄河灌区的农业灌溉,占总用水量的 95.0%。甘肃省年均供水量 122.5 亿 $m^3$,其中地表水占 75.0%,地下水占 23.7%,其他水源占 1.39%。地表水中提引黄河水占 40.5%,蓄、引当地产水占 56.7%。河南省年均供水量 231.3 亿 $m^3$,其中地表水供水量 96.2 亿 $m^3$,占 41.59%;地下水供水量 135.0 亿 $m^3$,占 58.37%;雨水利用、污水回用等其他水源占 0.04%。地表水供水量中引用入、过境水量 26.2 亿 $m^3$,其中引黄河干流水量 18.9 亿 $m^3$,占总引水量的 72.14%。

2000 年以后,黄河干流花园口站的径流量在没有增加甚至明显减少的情况下,利津站断流现象却没有再发生,这说明黄河水资源统一调度后,实现了黄河水资源的可持续利用。

## 二、跨流域、区域调水模式

我国水资源分布总体上是南多北少,东多西少。为了解决水资源

空间分布不均问题,我国先后开工建设了一批调水工程。其中南水北调工程属国家级调水工程,根本目的是利用南方水资源改善北方短水问题。工程总体布局分西线、中线和东线三条路线,工程建成后与长江、淮河、黄河、海河相互连接,将构成我国水资源"四横三纵、南北调配、东西互济"的总体格局。西线工程从长江上游引水入黄河,供水范围初步考虑解决青、甘、宁、陕、晋、蒙六省(区)。中线工程近期从长江支流汉江上的丹江口水库引水,终点为北京,远景考虑从长江三峡水库或以下长江干流引水增加北调水量,可为京、津及豫、冀沿线城市年增加供水量 94 亿 $m^3$。东线工程从长江下游引水,向黄淮海平原东部供水,终点为天津,沿途可为苏、皖、鲁、冀、津五省市年净增供水量 143.3 亿 $m^3$。

一些省份为了解决省内水资源分布不均问题,也修建了一批省级调水工程。如山西省引黄河水至太原、大同和朔州的"引黄入晋"工程,甘肃省引大通河水调至兰州永登县秦王川的"引大入秦"工程,辽宁省引浑江干流至苏子河入大伙房水库的"东水西调"工程,山东省引黄河、长江水至胶东半岛的"胶东调水"工程等。

## 三、干旱半干旱地区节水模式

甘肃省积极开展水资源节水工作,如张掖市作为全国第一个节水型社会建设试点,主要从四个方面开展工作:①明晰水权,制定了工业、农业、生活用水定额;②民主参与,组建用水协会,保障农业用水权益得到落实;③优化配置,大力调整三次产业结构;④强化基础,大规模开展农业节水工程建设。张掖市节水型社会建设取得了显著成效。

宁夏也积极推行节水工作,开展制度建设和水价改革,进一步规范水资源管理;加强重点工程建设,完善水资源配置与节水工程体系;以农业节水为重点,优化种植结构,推广节水技术;以节水为重点,加快工业化、城市化进程。

农业是我国用水第一大户,各地在农业节水方面也各有特色。新疆生产建设兵团积极推广膜下滴灌技术,面积由 2001 年的 80 万亩❶发展到目前的 1 500 多万亩,经济效益、生态效益和社会效益显著。

## 四、生态补水与修复模式

为了解决部分地区水资源短缺、水质恶化问题,一些省市除采取控制污染源、提高处理率等措施外,还积极进行生态补水和修复建设。

针对太湖流域水质持续恶化现状,水利部、江苏省提出充分利用现有水利工程体系将长江水调入太湖流域,增加水环境容量,遏制流域水环境恶化趋势,即"引江济太"工程。工程自 2001 年实施以来,每年引长江水 14.8 亿 $m^3$ 入太湖流域,使太湖水位常年保持 3.2 m 左右,有效改善了太湖流域的水体环境。

为解决珠江三角洲枯水期咸潮上溯,确保饮水安全,保护淡水环境,珠江防汛抗旱总指挥部开展了"压咸潮供水"工程。2005～2007 年共调水 53 亿 $m^3$,同时还开工建设了珠海竹银水库等一系列关键性工程。

此外,为解决扎龙湿地干旱问题,黑龙江省向扎龙湿地进行生态补水,2001～2007 年,累计向扎龙湿地补水 11 亿 $m^3$。济南市为保障趵突泉的正常喷涌,开展了一系列的保泉行动,如停采地下水、利用南部渗漏区实施回灌等。

## 五、自动化供水管理模式

为提高水资源的利用效率,一些地区采用自动化手段进行供水管理。山西省太原市清徐县采用 IC 卡对供水水量进行智能管理,在确定当地地下水权总量的基础上,根据耕地面积将水权、供水量层层分解,分配到每个农户,建成由县、乡、村供水站组成的水利数字化信息管理网络系统,使管理人员及时掌握村民取水与地下水位变化情况。整个系统建立后,当地供水办向农民发放取水 IC 卡和水权证。农民在取水 IC 卡上预存水费,刷卡浇地,如果取水超过规定指标,水费加价。天津

---

❶1 亩 = 1/15 $hm^2$,全书同。

市 36 所高校采用 IC 卡智能节水系统,该系统将水表和电表相互衔接,用户插卡出水,移卡断水,多用多收,少用少收,无费自动关闭而停止供水。采用智能节水系统,天津大学学生洗浴节水率达 50%。

### 六、非常规水利用模式

雨水、海水、微咸水、污水处理后再生水等非常规水是一种重要水源,一些省市根据区域优势,充分开发利用非常规水源。

北京市城市雨水利用始于 20 世纪 80 年代。截至 2007 年,北京市已建成雨水利用工程 600 余个,年利用雨水 995.2 万 $m^3$。利用类型主要以封闭式蓄水池为主,其次为渗透性地面和下凹式绿地。仅 2007 年共完成雨水利用工程 267 项,雨水综合利用量 604 万 $m^3$。

天津市充分发展海水利用,大港电厂和天津碱厂从 20 世纪 70 年代就开始利用海水。目前,大港电厂海水主要用于循环冷却,年替代淡水 3 000 万 t;同时利用电厂热能采取闪蒸法生产淡水。天津碱厂利用净化海水,进行设备冷却和工业化盐,年替代淡水 170 万 t。另外,大连市、青岛市也积极开展海水直接利用或淡化利用。

北京、大连、徐州、太原等城市的污水回用率居全国前列,特别是北京鸟巢污水处理再生利用率达到 100%。

# 第三节　经验和借鉴

总的来说,世界范围内水资源的开发利用无外乎从提高水资源的可利用量、减少输水过程中的损失、提高用水效率等方面入手,通过调水工程、节水技术、水权交易和强化管理等措施和途径来实现水资源的可持续利用。值得我们学习和可资借鉴的经验大体可归纳为以下几方面:

(1)在充分利用好当地水资源的同时,建设蓄水工程和调水工程是解决水资源时空分布不均、合理调度和优化配置的有效手段。

(2)节水是水资源可持续利用的永恒主题,节水不仅提高了利用效率,更重要的是,节水本身就减少了水的利用量和污水的排放量;农业是用水大户,发展农业节水至关重要。

(3)污水处理再生水、矿坑水、雨水、海水、微咸水等非常规水资源的开发利用,有利于缓解水资源的供需矛盾,也是发展循环经济的必然要求。

(4)加强流域尺度的水资源统一管理,符合流域的自然特点,基于法律法规的管理、信息化管理、分散式管理值得在今后的水管理工作中学习和借鉴。

(5)建立完善的水市场,充分发挥市场引导作用,有利于充分发挥市场机制和资源配置的作用,促进水资源的优化配置和高效利用。

# 第二章　山东省水资源利用状况及可持续利用总体思路

## 第一节　山东省水资源状况

### 一、水资源量

山东省属北温带半湿润季风气候区,具有明显的过渡特征,四季分明,温差变化大,雨热同期,降雨季节性强。

据 1956~2000 年实测资料,山东省多年平均降水量为 679.5 mm。降水量在地区分布上是不均衡的,整体趋势是由东南的 850 mm 向西北递减到 550 mm,由日照、胶南一带的 830 mm 递减到莱州湾地区的 650 mm。降水量主要集中在汛期 6~9 月,占年降水量的 70%;仅 7~8 月就集中了 50% 左右。降水量年际变化大,最丰的 1964 年达 1 169.3 mm,而最枯的 1981 年仅 445.5 mm,丰枯之比高达 2.62。

山东省 1956~2000 年平均年径流深 126.5 mm,折合地表水资源量为 198.26 亿 m³。总的分布趋势是从东南沿海向西北内陆递减,等值线走向多呈西南—东北走向。山东省径流深 50 mm 等值线自鲁西南的定陶向东北,经茌平、禹城、商河、博兴、广饶,从寿光北部入海。此等值线的西北部年径流深小于 50 mm,属于少水带;蒙山、五莲山、枣庄东北部及崂山地区年径流深在 300 mm 以上,属于多水带。其他地区年径流深为 50~300 mm,属于过渡带。

全省多年平均地下水资源量为 165.46 亿 m³,其中山丘区为 80.90 亿 m³、平原区为 90.56 亿 m³、重复计算量为 6.00 亿 m³,多年平均地下水资源模数为 12.2 万 m³/(km² · a)。山丘区地下水一般为基岩裂隙水和岩溶水,补给来源单一,主要接受大气降水补给,多年平均地下水资源模数为 10.2 万 $m^3$/($km^2$·a);平原区地下水多以孔隙水为主,补给来源主要是大气降水和地表水体,其次是山前侧渗补给,多年平均地下水资源模数为 16.3 万 $m^3$/($km^2$·a)。此外,在鲁西北平原和北部滨海平原有 18 091 $km^2$ 的微咸水和咸水区,约占全省平原总面积的25%,无浅层淡水资源。

山东省多年平均当地水资源量为 303.07 亿 $m^3$,其中地表水资源量 198.26 亿 $m^3$、地下水资源量 165.46 亿 $m^3$、重复计算量 60.65 亿 $m^3$。水资源量分布中,以沂沭区最大,为 50.93 亿 $m^3$,黄河干流区最小,为 1.18 亿 $m^3$;各行政分区中,以临沂市最大,为 53.92 亿 $m^3$,莱芜市最小,为 4.76 亿 $m^3$。另外,黄河是山东省主要的客水水源,1956~2000 年平均入境水量为 366.6 亿 $m^3$,目前分配给山东境内干流引水指标为 65.03 亿 $m^3$、支流引水指标为 4.97 亿 $m^3$,共 70.0 亿 $m^3$。

## 二、水资源质量

根据 2008 年水质监测结果,山东省全省地表水河流水质评价的全年期的超标(指超过《地表水环境质量标准》(GB 3838—2002)的Ⅲ类标准,以下同)河长 4 041.6 km,占总代表河长的 87.3%;劣Ⅴ类代表河长为 3 200.7 km,占总代表河长的 69.2%。全省平原区总面积为73 720 $km^2$,地下水优于Ⅲ类(《地下水质量标准》(GB/T 14848—93),以下同)的面积占本区评价面积的 48.1%,Ⅳ类和Ⅴ类的面积分别占本区评价面积的 35.1% 和 16.8%。

## 三、水资源的基本特点

### (一)水资源总量不足,人均水资源占有量偏低

山东省当地淡水资源总量为 303.07 亿 $m^3$,仅占全国水资源总量的 1.1%。全省人均水资源占有量为 322 $m^3$,不到全国人均水资源占有量的 1/6,为世界人均水资源占有量的 1/25,位居全国各省(区、市)倒数第三位。山东省人均水资源量远远小于国际公认的维持一个地区经济社会发展所必需的 1 000 $m^3$ 的临界值,属于人均水资源占有量小于 500 $m^3$ 的严重缺水地区。

### (二)水资源地区分布不均匀

山东省各地降水量、径流量和水资源量差别较大,地区分布不均匀。山东省的降水特点是山脉的南麓大于北麓,山丘区大于平原区。总的分布趋势是从鲁东南沿海向鲁西北内陆递减,从胶东半岛东南部向胶东半岛西北部递减。多年平均降水量从鲁东南沿海的 850 mm 向鲁西北地区递减到 550 mm;胶东半岛南部年降水量达 800 mm 以上,高值中心区超过 900 mm,而胶东半岛西北部的莱州湾一带,降水量只有 600 ~ 650 mm,部分地区低于 600 mm。降水的高值区比低值区大 60% 以上。

年径流的地区变化更为突出,多年平均径流深东南沿海为 260 ~ 300 mm,高值区达 350 mm 以上;鲁西北平原和湖西平原低值区只有 30 ~ 60 mm。

地下水资源山丘区与平原区差别较大。地下水资源模数岩溶山丘区高达 15 万 ~ 20 万 $m^3/(km^2 \cdot a)$,一般山丘区仅 8.6 万 $m^3/(km^2 \cdot a)$;平原地下水资源模数全省平均为 16.1 万 $m^3/(km^2 \cdot a)$。

### (三)水资源年际年内变化剧烈,开发利用难度大

山东省各地降水量、水资源量的年际变化幅度较大,存在着明显的丰水年、枯水年交替出现的现象,连续丰水年和连续枯水年的出现也十分明显。山东省具有 60 年左右的丰枯变化周期,水资源的年内分配具有明显的季节性。全省 1956 ~ 2000 年多年平均降水量为 679.5 mm,各地最大年降水量一般是最小年降水量的 3 ~ 6 倍。全年降水量约有 3/4 集中在汛期;全年天然径流量约有 4/5 集中在汛期,特别是 7、8 月,甚至集中在一两次特大暴雨、洪水中。因此,水资源开发利用难度较大。

### (四)黄河水是最重要的客水资源,但黄河入境水量和可利用量有逐年减少的趋势

黄河客水资源的开发利用,在山东省国民经济和社会发展中发挥了巨大的作用。由于受流域降水丰枯变化和流域内引黄用水量逐年增加的影响,黄河下游来水量呈减少趋势,特别是进入 20 世纪 90 年代后,平均入山东省水量骤减至 222 亿 $m^3$,比多年平均水量减少了

42.4%,随着国家西部大开发战略的逐步实施,黄河上中游的引黄水量将大幅度增加,山东省黄河来水量可能会继续减少。虽然国家分配给山东 70 亿 $m^3$ 的引黄水量(含干流引黄水量 65.03 亿 $m^3$、支流引黄水量 4.97 亿 $m^3$),但是一些年份 70 亿 $m^3$ 的引黄水量很难得到保证。

**(五)水污染程度不断加剧**

随着经济社会的发展,人口不断增加,大量的工业、生活污水未经处理直接或间接地排入河流、湖泊,造成水体水质恶化,或污染附近的地下水;农田大量施用的化肥、农药,随地表径流排入水体,污染地表水甚至污染地下水。靠近城市的河流,绝大多数已成为纳污通道,不仅污染了水环境,影响了工业、农业生产和生活用水,而且严重影响了广大群众的身心健康。

# 第二节 山东省水资源供求状况及存在问题

## 一、水利工程设施状况

截至 2008 年,山东省地表水供水工程共有蓄水工程(包括大、中、小型水库及塘坝)47 314 座,总库容 168.64 亿 $m^3$,兴利库容 89.47 亿 $m^3$。共有城市地下水饮用水源地 13 处,可供水能力达 1.5 亿 $m^3/a$,实际年供水量 1.2 亿 $m^3$。全省共有地下水井 105.43 万眼,其中配套机电井 91.51 万眼。

## 二、供用水状况

根据山东省 2008 年水资源统计公报,山东省总供水量 219.89 亿 $m^3$,其中地表水供水量 115.51 亿 $m^3$(包括引黄水量 56.67 亿 $m^3$、当地地表水资源量 58.84 亿 $m^3$),地下水供水量 101.23 亿 $m^3$(包括地下淡水资源量 100.39 亿 $m^3$、微咸水资源量 0.84 亿 $m^3$),其他水源供水量 3.15 亿 $m^3$,分别占总供水量的 52.53%、46.04% 和 1.43%。可见,山东省供水量中(不包括引黄水量)以地下水为主,地表水次之,而非常规水源的利用量仅占 0.89%。

2008 年,山东省总用水量为 219.89 亿 m³,其中农业灌溉用水量、林牧渔畜用水量、工业用水量、城镇公共用水量、生活用水量和生态用水量分别为 142.33 亿 m³、20.43 亿 m³、24.69 亿 m³、4.95 亿 m³、23.76 亿 m³ 和 3.73 亿 m³,分别占总用水量的 64.73%、9.29%、11.23%、2.25%、10.81% 和 1.70%。可见,山东省用水量以农业用水为主,其次是工业用水,再次是生活用水,最后是生态用水。

## 三、水资源供求状况

据统计,2008 年山东省当地地表水开发利用率达 29.68%、地下水资源开发利用率为 61.18%,当地水资源总体开发利用率为 52.82%、全省水资源开发利用率(含引黄部分)为 58.89%,已经达到较高的水平。但是与巨大的需求量相比,水资源缺口还很大。

据预测,在保持当前社会经济发展水平、节水水平和相应节水措施的基础上,至 2020 年全省社会总需水量达 350.9 亿 m³、可供水量为 269.2 亿 m³,缺水量达 81.7 亿 m³;至 2030 年全省社会总需水量达 368.3 亿 m³、可供水量为 271.0 亿 m³,缺水量达 97.3 亿 m³。

## 四、水资源开发利用存在的主要问题

随着经济和社会的发展,山东省水资源供需矛盾日益突出,水资源总量不足和供水不足已成为制约经济社会可持续发展的"瓶颈"因素。山东省水资源开发利用中存在的主要问题表现在以下几个方面。

### (一)水资源浪费严重,利用率偏低

山东省有限的水资源没有全部得到合理有效的利用,主要表现为供水工程老化,失修严重,用水水平不高,水资源浪费严重,有效利用程度低等。根据《山东统计年鉴》《山东省水资源公报》《山东省水利统计年鉴》相关统计数据,计算得出 2008 年山东省万元 GDP 取水量为 80.8 m³/万元(2005 年不变价),万元工业增加值取水量为 17 m³/万元(2005 年不变价),农业节水灌溉率为 42.6%,灌溉水利用系数为 0.56。与发达国家相比,还有较大差距。

### (二)水资源不合理利用导致生态环境恶化

随着国民经济及社会各项事业的迅速发展,对水的需求增加很快,不合理的开发利用造成地表水污染、地下水超采和水质恶化。地表水污染不仅使有限的水资源得不到充分利用,而且影响供水安全。地下水超采区主要分布在泰沂山以北的淄博—潍坊和泰沂山以西的济宁—宁阳的山前平原区,其次是胶东沿海平原、莘县—夏津黄泛平原、滕西山前平原和泰安、枣庄等岩溶山区。地下水超采不仅造成了泉水枯竭、地下水漏斗区扩大、海水入侵、地面沉陷等一系列的环境问题,而且直接影响水资源的可持续利用。

### (三)水资源管理体制和制度不够建全,管理水平有待提高

由于水源、供水、排水等水管理环节分散在不同部门,管理权责不统一,使得各管理部门往往依据自身的管理职能开展工作,没有形成协调统一的水管理体制。随着水资源供需矛盾的日趋突出,现行的水资源管理制度与国家实行最严格水资源管理制度要求尚有差距。水资源管理的技术手段也急需更新,管理水平有待进一步提高。

# 第三节　山东省水资源状况的总体评价

我国以年降水量等值线划分为干旱地区(小于 200 mm)、半干旱地区(200～400 mm)、半湿润地区(400～800 mm)和湿润地区(大于 800 mm),山东省绝大部分地区的年降水量大于 400 mm,属于半湿润地区,而胶东半岛东部地区和鲁东南地区的年降水量则大于 800 mm;从气候分带上,山东省各地区的干旱指数均为 1.0～3.0,也属于半湿润地区;我国按照年径流深划分了多水带(300～1 000 mm)、过渡带(50～300 mm)、少水带(10～50 mm)和干涸带(10 mm 以下),山东省年径流深为 20～300 mm,大部分地区属于过渡带,鲁西北地区则属于少水带。因此,从气候和自然条件上看,山东省属于半湿润地区,降水量适中,在全国处于南方湿润区和西北干旱区的过渡地带。

那么,山东省到底是缺水还是不缺水呢? 目前,国际上衡量水资源压力或紧缺程度的指数或指标非常多,常用的有两个:一是弗肯马克水

资源压力指数,二是水资源紧缺指标。

1989 年瑞典科学家弗肯马克最早提出水资源压力指数(Falkenmark water stress indicator),该指数以人均水资源量 1 700 m³ 为阈值,当人均水资源量低于 1 700 m³ 时,出现水资源压力(Water resources stress);当人均水资源量低于 1 000 m³ 时,出现慢性水资源短缺(Chronic water scarcity),是一个对经济发展、人类健康和福祉有影响的界限;当人均水资源量低于 500 m³ 时,是对生活的主要限制。该指数虽未经有关国际权威机构正式认可,但由于简单易行,已被许多机构在统计中采用,在我国亦被普遍采用。按此标准,山东省人均水资源量 322 m³,属于用水极度紧张并有缺水现象地区。但应用这一指数时应当注意一些限制条件和它本身的缺陷,如该指数是根据干旱地区中等发达国家的人均需水量确定的,仅仅考虑了可更新的地表水和地下水,忽视了水资源时空变化以及旱季和特定区域的水资源短缺现象,没有考虑水质因素,也没有给出一个国家利用资源能力的信息等,因此应用时容易产生歧义。例如,一些人根据新疆、内蒙古等地区的人均水资源量超过 2 000 m³ 得出新疆和内蒙古不缺水或者否定山东省缺水的结论。

水资源紧缺指标(Index of water scarcity)由 Heap 和经济合作与发展组织(OECD)于 1998 年和 2001 年提出,初始定义为年取用的淡水资源量占可更新的淡水资源总量的比例,后来又加入了咸水淡化和境外淡水等因素。由此,该水资源压力指数分为四级:指标值小于 0.1 时为无水资源压力(No water stress);指标值处于 0.1 ~ 0.2 时为低水资源压力(Low water stress);指标值处于 0.2 ~ 0.4 时为中等水资源压力(Moderate water stress);指标值大于 0.4 时,为高水资源压力(High water stress)。目前,世界粮农组织、联合国教科文组织、联合国可持续发展委员会等很多机构都选用这一指标反映水资源稀缺程度,因而也可以形象地称该指标为水资源开发利用程度(Water use intensity)。按此标准,当前山东省当地地表水资源利用程度为 29.68%,地下水资源利用程度为 61.18%,综合水资源利用程度为 52.82%,如果考虑引黄水量,全省水资源开发利用程度高达 58.89%,属于高水资源压力地区。当然该指标也忽视了水资源时空变化特点和水质情况。

此外,一些科学家和机构从地区、流域和国家尺度提出了"人类水资源基本需求指标(Gleick,1996)"、"水资源脆弱性指标 WRVI(Raskin,1997)"、"相对水紧缺指标(Seckler,1998)"、"河流干季流量指标(WRI,2000)"、"可持续服务饮用水指标(WHO,2000)"、"水资源贫穷指标 WPI(Sullivan,2002)"等,均有一定的限定条件。

另外,我国还有人提出以地均水资源量(亩均水资源量)来取代人均水资源量的观点,实际上水文学中早有径流模数和地下水资源模数的概念,反映的是水资源空间丰枯程度,但其缺点也是只从供给方面考虑而没有考虑需水方面。对于地均水量相同但气候不同因而生产方式不同(游牧或农作)、灌溉需水定额不同、人口密度不同的两个地区,水资源的紧缺程度实际上也是不一样的。如果把人均水资源量和水资源模数结合起来考虑,问题就会相对全面一些。因此,我们要应用多种指标来分析问题,并且注意各种指标的限定条件和适用范围。

根据上述简单评价标准,山东省人均水资源量为 322 $m^3$,亩均水资源占有量为 263 $m^3$,水资源模数为 19.34 万 $m^3/(km^2 \cdot a)$。山东省地域特点和人口、资源环境状况决定了水资源总量不足,人均和亩均水资源占有量偏低;空间上水资源分布不均匀;时间上水资源年际年内变化剧烈,利用难度大。这就是山东省水资源的基本状况。

同样,从开源和节流两方面分析,也会得到类似的结论。首先,就开源而言,山东省可新增的水量也有限。国家每年分配给山东省的 70 亿 $m^3$ 黄河水指标不可能增加,在干旱年份还会同比例缩减,调水调沙造成的河床下切和河势变化又给山东引黄造成困难。南水北调东线山东省境内工程 2013 年通水后每年只能为山东省增加 15 亿 $m^3$ 的供水。省内洪水资源化利用的潜力也有限,现阶段能开发利用的只有沂沭泗河的 4 亿 $m^3$ 水和大汶河的 1 亿 $m^3$ 水。上述两项新增供水量 20 亿 $m^3$,与现状 40 亿 $m^3$ 的用水缺口相差 20 亿 $m^3$,满足不了用水要求,也限制了新上项目的取水需求。而就节流而言,由于生产方式、生产力水平和生产结构等因素影响,工业用水重复利用率不高,农业灌溉水利用系数较低,生活用水存在大量的跑、冒、滴、漏等浪费现象,节水型社会建设要求的用水效率和效益也很难在短期内得到较大提高。对于扩大利用淡化海水,因成本较高,短期内也较难大规模地推广。雨水、中水、矿井水等非常规水的利用水平也需要大大提高。

需要特别强调的是,随着工业化、城市化进程的不断加快和经济社会发展用水需求的持续增长,不少地方由于连年过度超采地下水,已导致地下水位持续下降、漏斗区面积不断扩大,甚至造成了地面沉降、河道断流、湿地萎缩、海水入侵等一系列生态环境问题,全省水资源和水环境已不堪重负。照此下去,不仅无法保障水资源的可持续供给,而且将导致更为严重的生态环境问题。水资源短缺将是未来山东省经济社会可持续发展的最大制约"瓶颈"。

总之,山东省水资源时空分布不均,年际变化大,地区差异明显,水资源分布和经济发展布局不匹配;水资源总量不足,人均和亩均水资源占有量偏低;当地地表水受到不同程度的污染,增加了利用难度,部分地区地下水超采严重,出现了严重的环境问题;黄河客水入境水量存在逐年减少的态势,调水调沙造成的河床下切和河势变化又给引黄造成困难;全省新增的南水北调和雨洪水资源量有限,限制了新增项目的发展;全省水资源利用效率和效益十分不平衡,节水型社会建设尚未深入开展,非常规水利用规模不大。这些因素造成了山东省水资源供需矛盾十分突出,各地区表现出不同类型和程度的资源型缺水、工程型缺水和水质型缺水。

# 第四节　山东省水资源可持续利用的总体思路和基本原则

根据山东省委、省政府实施重点区域带动战略、加快经济文化强省建设的总体部署,全省供水需求还会大幅增加,供需矛盾势必进一步加剧。这就迫切要求研究探讨实现水资源可持续利用的思路和措施,为经济文化强省建设提供可靠的水资源保障。

## 一、总体思路

山东省水资源可持续利用的总体思路是:以科学发展观为指导,强化水资源的综合管理,探索出一条用水总量控制、定额管理与水资源统筹配置相结合的路子。"总量控制"是区域用水宏观管理首要的措施手段,通过用水总量的控制来促进区域用水方式和经济发展方式转变,促进用水效率的提高,即实现"一控双促",优化生产力的布局和经济结构的调整,实现区域经济社会与生态环境的协调发展;"定额管理"是实现用水总量控制的具体量化措施,是实施用水定额和计划管理制度、建设项目节水"三同时"制度等工作的核心,是取水许可审批和日常用水考核的依据,能够促使各用水户节水内在驱动机制的建立,从而推进节水型社会建设,不断提高用水效率;"水资源统筹配置"则是支撑用水总量控制及定额管理的基础和保障,通过现代水网的建设,为流域区域间水资源的优化配置提供工程基础,通过科学水价体系的制定,充分利用市场机制、培育水市场,以促进部门之间、用水户之间水资源的优化配置和非常规水资源的高效利用。总之,以用水总量控制为前提,以用水定额管理为核心,以水资源统筹配置为保障,三者结合构成了支撑山东省水资源可持续利用的基本框架。

## 二、基本原则

基于以上总体思路,山东省水资源可持续利用应坚持以下原则。

### (一)坚持因地制宜、分区指导的原则

目前,山东省已形成了几个各具特色的区域性经济区,水资源开发利用条件也各具特点。要按照地域特点和经济分区分别对待,探讨适宜的水资源利用模式。

沿海经济发达地区要结合"黄、蓝"两大发展战略,扩大海水、再生水等非常规水资源利用规模,改善生态环境。山东半岛蓝色经济区经济发达,海洋资源丰富,当地水资源匮乏且开发难度大,滨海平原区因地下水超采引发海水入侵等灾害,要大力促进非常规水利用,提高应对自然灾害和极端气候变化的能力;黄河三角洲高效经济区,对黄河客水依赖程度高,地下咸水区普遍、地下淡水资源十分珍贵,要充分利用好黄河水,保护好十分脆弱的生态环境。

内陆地区经济条件相对薄弱,要根据当地水源条件,合理开发利

用,不断提高工农业生产、生活用水效率和效益,提高供水保障程度。济南省会都市圈,岩溶地下水资源相对丰富,要通过多水源的联合调度和优水优用,合理配置水资源,保障市区泉群持续喷涌和经济社会供水安全。鲁西北沿黄经济带,经济欠发达,当地地表水资源开发不足,引黄供水比重大,要大力加强引黄灌区的节水改造,通过农业节水和水权转移来满足城镇用水增长需求。

而对南水北调沿线受水区,要优化配置多种水源,切实保护好水环境,并调配利用好省域内沂沭泗河流域的雨洪水资源,积极扩大利用途径。如鲁南经济带,雨洪资源较丰富,既要确保防洪安全,还要实施洪水资源化利用。

**(二)坚持因水而宜,促进生产力布局和经济结构优化调整的原则**

由于山东省不同地区水资源禀赋条件不同,因此需要根据当地水资源状况切实转变用水方式。总体来说,就是要加快从供水管理向需水管理转变,从水资源开发利用优先向节约保护优先转变,从过度开发向合理开发、有序开发转变,从粗放利用向高效利用转变。通过用水方式的转变来优化调整生产力布局和经济结构,在调整种植结构的基础上发展高产优质高效农业,优化工业布局,提升工业产业节水水平和层次,全面提高服务业节水水平。通过产业结构调整,使得各区域生产力布局和经济结构与当地水资源承载力相匹配,达到以水定产。

**(三)坚持高起点、高标准规划建设现代化水网体系的原则**

按照建设现代化水网或智能型水网的要求,继续完善山东省骨干水网建设,并积极完善配套局域水网。依托南水北调、胶东调水"T"形骨干工程,连通"两湖六库、七纵九横、三区一带"(简称 T30 工程),形成省级水网构架,同时建设市、县的局域水网,通过河、湖、库、塘和输水线路的连通,逐步构建起城乡统筹、蓄泄兼顾、功能完备的现代化智能型水网,全面提升区域防洪减灾、供水保障和生态保护能力。

同时,按照"布局合理、全面覆盖,传输快捷、运转高效"的原则,合理规划布局覆盖全省的水资源信息监测站点,逐步形成省、市、县三级互联互通、信息共享的水资源监测网络。加强对市、县界水文断面和水库、湖泊、灌区地表水监测,地下水监测,水功能区控制断面水质监测,以及饮用水水源地、规模以上取水户在线监测,逐步构建完整的水质水量监测网络。利用监测网络,搭建水利信息化管理平台,加快推进水资源管理应用系统建设,促进水利现代化早日实现。

**(四)坚持优水优用和多水源优化配置的原则**

以现代化水网为基础,合理规划利用多种水源,促进优水优用。一方面,在南水北调工程建成通水前要充分利用当地水,待调水工程建成后则要充分合理利用客水资源,并通过统筹配置将其优先用于高耗水企业及第二产业;另一方面,对于不同行业用水需求,要优先保障城乡生活用水,按照水资源对经济社会发展的重要性排序取用水,对挤占农业和生态用水的要给予补偿。在优水优用的基础上,利用完善的水网体系,采用现代科技手段实施跨区域、跨部门的长江水、黄河水,以及当地地表水、地下水、非常规水等多水源的优化配置,通过联合调度来保障区域供水安全,支撑经济社会的稳定协调发展。

**(五)坚持全社会综合节水的原则**

大力推进全社会综合节水,建设节水型社会。发展农业节水技术,不仅强化节水灌溉工程建设,还通过农作物结构调整、农艺节水、提高节水管理水平等来挖掘农业节水潜力,充分利用土壤水资源,发展灌溉农业、半旱地农业和旱地农业。工业节水方面,积极发展环境友好型工业,按照循环经济要求推广循环生产模式,遵循减量化、再利用、资源化的原则,依托工业园区实现集聚生产、集中治污、集约发展,加强水资源高效、循环利用技术应用,加快行业节水技术改造,着力推动工业内部循环用水,倡导和鼓励多利用中水和微咸水,力争达到零排放。城乡生活和公共服务业节水采取以集中供水为主并与分散供水相结合的方式,推行分质供水,减少管网漏失,推广节水器具和小区雨水利用。通过全社会的全面节水,不断提高用水效率。

**(六)坚持实行综合水价的原则**

深化水价改革,推进实施综合水价,充分发挥价格杠杆配置水资源的基础性作用。加快推进农业水价综合改革步伐,农业灌溉逐步推行终端水价与用水计量收费,探索实行农业定额灌溉,定额内用水享受优惠水价,超定额累进加价,实行农业用水补贴的制度;按照"补偿成本、合理收益、优化水价、公平负担"的原则,逐步提高水利工程城市供水和工业供水水价,实行基本水价和计量水价相结合的两部制水价;工业与服务业用水严格执行行业用水定额,逐步实行超定额累进加价征收水资源费制度,拉开高耗水行业与其他行业的水价差距;合理确定城乡居民生活基本用水量和基本水价,稳步推行阶梯式水价制度;科学确定再生水水价,促进污水处理,鼓励使用再生水。

**（七）坚持强化水资源统一管理、贯彻落实最严格水资源管理制度的原则**

加快建立集中统一、权威高效的水资源管理体制,充分发挥各级水行政主管部门对涉水公共事务的统筹监管职能,依法实行对地表水、地下水、区域外调入水等各类水资源的统一规划、统一配置、统一调度、统一管理。贯彻落实最严格的水资源管理制度,把住用水总量关、用水效率关和水功能区限制纳污总量关。把住用水总量关,就是要把区域实际取用水量控制在以年度为周期可补充、可循环、可持续利用的范围内,保障区域水资源长期采补平衡;把住用水效率关,就是要确定一段时期内每个行业的基本用水定额,超过用水定额的,不予办理取水许可审批,引导各类用水户向内挖潜力、找出路,通过节约用水、循环用水、转变用水方式等来提高用水效率;把住水功能区限制纳污总量关,就是要严格限制水功能区纳污总量,千方百计引导再生水利用、水资源循环利用,全面实现污水达标排放,避免因过度排放而加重水质污染,切实保障水质安全。

# 第三章　山东半岛蓝色经济区水资源可持续利用模式

## 第一节　地理区位及水资源开发利用条件

2011 年 1 月 4 日,国务院以国函[2011]1 号文件批复《山东半岛蓝色经济区发展规划》,使得山东半岛蓝色经济区成为我国第一个以海洋经济为主题的区域发展战略。该经济区位于我国东部沿海,涉及滨州、东营、潍坊、烟台、威海、青岛、日照以及相邻的德州市的庆云县和乐陵县、淄博市的高青县和临沂市的莒南县等 10 个地级市,总共有 60 个县(区、市)级行政单位,陆地面积为 7.26 万 km²,占山东半岛的 46.2%,如图 3-1 所示。

山东半岛蓝色经济区包含了胶东半岛高端产业聚集区和黄河三角洲高效生态经济区。其中,胶东半岛高端产业聚集区是山东半岛的主体部分,是山东省于 2009 年在转变经济方式、调整产业结构的大理念下提出的发展思路,意在提升胶东半岛的产业水平,主要包括青岛、烟台、威海、潍坊四市,地理位置如图 3-2 所示。

山东半岛蓝色经济区有 3 100 多 km 的海岸线,海域面积广大,海洋资源丰富,处于环渤海地区和东北亚经济圈的关键地带,是沿黄河流域最便捷的出海通道,区位优势明显。打造山东半岛蓝色经济区,是山东省实施经济文化强省的重要组成部分,是培育山东省经济发展新优势的重要突破口,有利于促进全省经济社会实现新的发展和突破,其战略定位是:建设具有较强国际竞争力的现代海洋产业集聚区、具有世界先进水平的海洋科技教育核心区、国家海洋经济改革开放先行区和全国重要的海洋生态文明示范区。而胶东半岛高端产业聚集区的战略定位是:着力提高自主创新能力,努力建成国内一流、国际先进的技术密

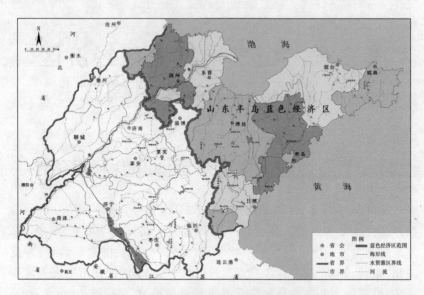

图 3-1  山东半岛蓝色经济区地理位置图

图 3-2  胶东半岛高端产业聚集区地理位置图

集、知识密集、人才密集、金融密集、服务密集的高端产业聚集区。

山东半岛蓝色经济区当地淡水资源严重不足,人口密度大,人均水资源占有量为342 m³,属于资源、工程、水质型缺水并存的地区。沿海经济发达,水资源供需矛盾十分突出。地表水源短流急、拦蓄困难,地下水相对贫乏却遭受持续的超采,引起严重的海水入侵灾害。据调查统计,2002年海水入侵面积达1 653.3 km²。

总的来看,蓝色经济区水资源开发利用条件具有以下特点:一是社会经济总体较为发达,经济地位不断提升,同时为水资源开发利用水平的提高奠定了经济基础;二是当地水资源总量不足,遇枯水年份容易出现严重的缺水现象,提高供水保障能力是水资源管理的核心任务之一;三是胶东调水工程有利于提高供水保证率,但运行成本较高,实现多水源的优化配置具有深刻的意义;四是海岸线长,海咸水资源利用条件好;五是滨海平原地区地下水超采较为严重,引发了严重的海水入侵现象,地下水限采管理和地下水环境保护要求不断提高。

# 第二节 水资源可持续利用模式与措施

## 一、水资源可持续利用模式

由于黄河三角洲高效生态经济区已经列入国家战略,本节主要针对三角洲以外的区域,即以青岛、烟台、威海、潍坊等4市为主体。由于山东半岛蓝色经济区水资源的利用既要考虑当地水资源的利用,又要考虑胶东调水、引黄济青工程等客水水源的作用,同时还要考虑水环境和水生态的改善,其水资源开发利用集中体现在滨海流域的综合利用与管理方面。

根据山东半岛蓝色经济区沿海地表水拦蓄困难、地下水贫乏的实际,提出水资源可持续利用模式为:以流域为单元,上游加强水土保持与生态环境建设,中游加大闸坝拦蓄调节地表径流,下游构建地下水库和回灌补源工程,河口地区建设湿地工程和防洪、景观工程等,形成集水资源利用、防洪减灾、生态修复于一体的流域水资源综合利用与管理模式。该模式可简称为滨海流域水资源综合利用与管理模式。

## 二、主要措施

### (一)构建高标准的防洪(潮)减灾体系

该区防洪(潮)减灾体系建设已经具备了较好的条件,已经逐步形成内河防潮与沿海防潮协调统一,但在水库和河道的防洪标准的协调、防潮堤建设、城市防洪标准、极端气候变化和海平面上升的应对措施、高效快捷的防灾减灾应急响应机制建设等方面,需要进一步加强,通过加强洪水与风暴潮风险管理,进一步完善了法规、行政、保险等非工程措施,形成完善的防洪(潮)减灾体系。

在防洪减灾方面区域内进一步作好"四兼顾",即防洪、兴利统筹兼顾,防洪、除涝统筹兼顾,上下游、左右岸统筹兼顾,防洪除涝、生态环境统筹兼顾。形成"三保障",即中小洪水保障资源,通过水库、塘坝、河道闸坝等工程措施层层拦蓄,在保证河道基流的情况下,使洪水利用尽可能最大化;较大洪水保障平安,加强河道管理,严禁违规建筑占用河道行洪区,保证不超标洪水安全通过,保障河道及保护范围内的人民群众生命和财产安全;超标准洪水保障抗御,遇到超标准洪水要有应对措施,可通过分流、滞洪、临时转移群众等措施,削减洪水对生命财产的威胁,使它造成的损失最小化。

### (二)建设地下水库和地下水回灌补源工程

山东省滨海地区海咸水入侵面积已达 2 000 km²,山前冲积平原和河谷下游冲积层内地下水漏斗超过 3 000 km²,但仅胶东半岛一般年份就有 40 亿 m³ 地表径流直流入海。在该区域内有计划地建设地下水回灌补源工程,在各流域中小型河流主河道及支流河道建设拦河闸坝体系工程,以蓄促渗,增加地下水入渗量,提高傍河地下水源地利用效率,防止海水入侵发生,使地下水得到可持续开发利用。在烟台(黄水河、王河)、青岛(大沽河)等地的独流入海河道建立"上游建水库调节、中游层层建闸拦蓄、下游建地下水库截渗(地下水源地)"的地表水利用(洪水资源利用)模式;滨海平原河口地区主要采用高压喷射灌浆、静压灌浆等方法,构筑地下防渗墙,形成地下拦水坝,拦蓄地下潜流,以达到提高地下水位、防治海水入侵的目的。

莱州湾沿岸是海咸水入侵最为严重的地区,要采取拦蓄补源、地下水回灌、抽咸补淡等多种工程措施,加强地下水超采区用水控制管理。广饶、寿光、莱州均有海水入侵防治的成功经验,应当加大推广应用力度,同时根据新情况研究新问题,探讨海水入侵生态防治集成技术的应用。

### (三)实施多水源联合调度和优化配置

按照经济发展现状和未来对水资源的需求,通过科学分配多种水源,基本形成当地地表水、地下水、黄河水、长江水、海咸水、雨洪水、其他非常规水源等多种水源的合理配置和高效利用模式。具体来说,就是大力拦蓄地表水,合理开采地下水,充分利用外调水。依托全省"南北贯通、东西互济"大水网格局建设,以南水北调胶东输水干线和黄河干流为依托,建设以各级河渠为纽带,以水库、闸坝为节点,河库串联、水系联网、城乡结合、配套完善的现代化供水保障工程网络。

滨海地区以中小型水库为主,应加强当地水库、塘坝、河道及外调水(引黄济青、胶东调水)的水系联网配套工程建设,实施水资源优化配置,实现水库串联及联合供水,增加汛期雨洪水拦蓄量,提高水资源综合供水保证率。还应根据各部门用水水量和水质要求,定供水规则,优水优用,分质供水,充分发挥各种水源的利用效率。如潍坊、日照等地的"水系互联,河库联网,跨流域调水"的区域供水网络建设模式;烟台(莱州)、日照、东营等地的"农村供水城市化、城乡供水一体化"的城乡供水模式。

### (四)积极推进节水型社会建设

在节水型社会建设过程中,大力发展高端产业和调整产业布局。在工业和生活方面,减小管网漏失,提高水的利用率,采用先进的节水工艺,提高冷却水重复利用率,加大企业污水处理力度,争取达到零排放。在农业节水方面,要因地制宜地选取不同的节水灌溉工程技术模式,推动农业节水不断向区域化、高标准的方向迈进。对于大田作物,应以发展管道输水灌溉工程技术、输水渠道的防渗技术为主,田间适当配套低压喷灌带和田间闸管系统;对于果树等高效经济作物,应以发展微喷、滴灌、低压喷水带工程技术为主;对于蔬菜等经济作物,应以大棚膜下滴灌工程技术为主,露地蔬菜以微喷灌、喷水带喷灌、管道输水灌溉工程技术为主;对于高标准农业产业区,大田作物以高标准管道输水灌溉和喷灌技术为主,设施农业以微灌技术为主,为达到示范推广、体现农村水利现代化要求的目的,适当发展信息农业自动化控制的精准灌溉工程。

### (五)加大非常规水资源的开发利用力度

#### 1. 中水回用

城市污水未经处理排入河道,既浪费了资源,又污染了环境。因此,应以工业企业和城市污水处理厂建设为重点,使污水排放达到环境允许的排放标准或再生水灌溉的标准,使污水资源化,既可增加水源,解决农业缺水问题,又可起到治污的作用。实施居民小区生活污水处理回用,将城市污水处理回用于工农业生产与污染治理有机地结合起来,对于解决滨海地区水资源的短缺和水环境的改善有特别重要的意义。

#### 2. 海水扩大利用

滨海地区,在满足工业冷却用水的高消耗方面,海水利用具有很大的现实意义。目前,在解决海水利用的水管腐蚀问题上,某些技术已经相当成熟。积极兴建海水直接和间接利用工程,替代淡水资源,可在一定程度上缓解滨海地区水资源供需矛盾。海水淡化也是解决滨海地区水资源短缺和海岛用水的有效办法。

#### 3. 雨洪水利用

山东省滨海地区降水量相对较丰富,但由于源短流急和地表水蓄水工程较少,汛期多余径流会在短时间内直流入海,采取工程措施拦截降雨径流或将其蓄存地下,也是增加水资源可利用量的方法之一。另外,积极开展居民小区等雨水集蓄利用工程,用于居民生活杂用水,也是雨水利用的有效途径之一。

### (六)加强水生态修复与保护

良好的水生态环境是水资源可持续利用和社会经济可持续发展的基础。区域内通过加大水生态环境保护与水修复力度,初步形成水生态环境保护模式。具体来说,就是以水资源保护、水土保持、海水入侵防治、地下水超采控制与漏斗区恢复、水污染防治、生态河道治理、自然保护区及湿地生态补水、水利风景区建设等为重点,逐步实现蓝色经济区范围内水资源的有效保护、水生态与水环境的基本修复。

# 第三节 典型研究:山东半岛蓝色经济区 水资源保障能力评估

从山东半岛蓝色经济区水资源开发利用条件来看,不断提高区域水资源保障能力以应对特枯年份可能出现的严重缺水问题,对于实现水资源的可持续开发利用、支撑经济社会的可持续发展具有重要的现实意义。本书对该地区水资源保障能力开展评估研究。

## 一、评估目的和意义

2009年4月,胡锦涛总书记到山东视察工作时指出:要大力发展海洋经济,科学开发海洋资源,培育海洋优势产业,打造山东半岛蓝色经济区。这是从战略和全局高度做出的重大部署。贯彻落实这一重要指示,对于深入贯彻落实科学发展观,转变思想观念,实施区域发展战略,进一步促进东部改革开放,推动我国参与全球一体化进程,实现中华民族伟大复兴,具有重大的历史意义。

山东半岛是我国最大的半岛,拥有3 100多km的海岸线,海域面积广大,海洋资源丰富,处于环渤海地区和东北亚经济圈的关键地带,是沿黄河流域最便捷的出海通道,区位优势明显。山东半岛蓝色经济区涉及山东沿海10个地级市,包括滨州、东营、潍坊、烟台、威海、青岛、日照7个市的全部以及德州的乐陵市、庆云县,淄博的高青县和临沂的莒南县,共60个县(市、区),总面积7.26万km²,占全省的46.2%。

水是人类生活及生产不可缺少的最重要资源之一,是人类生存、社会经济不断发展的物质基础,是可持续发展的一个重要因素。山东半岛蓝色经济区当地淡水资源不足,且水资源年际年内变化较大,地区分布不均,开发利用难度较大。根据当地水资源特点、现状供水工程情况及缺水状况的分析表明,该区域总体上属于资源型缺水、工程型缺水与水质型缺水并存的地区。因此,对山东半岛蓝色经济区的水资源保障能力进行评估,以实现经济、生活和生态的可持续发展是十分必要的。

## 二、山东半岛蓝色经济区水资源状况

### (一)水资源概况

#### 1. 降水量

大气降水是地表水、土壤水和地下水的补给来源,降水量的大小及其时空变化特征,对区域水资源的大小及其时空变化特征有着极大的影响,其变化特征在一定程度上反映了地表水和地下水的数量与特征。

由于受地理位置、地形等因素的影响,山东半岛蓝色经济区的降水量在地区分布上很不均匀。根据该区 1956～2000 年各市(县)降水量计算成果,山东半岛蓝色经济区的平均降水量为 668.5 mm,略低于全省平均水平(679.5 mm)。区域内降水分布趋势是黄海沿海地区向渤海沿海地区递减,即由临沂、日照、青岛、威海、烟台高值区经潍坊过渡到低值区的东营、滨州、德州。

#### 2. 地表水资源量

地表水资源量是河流、湖泊、水库等地表水体中当地降水形成的可以逐年更新的动态水量,用天然河川径流量表示。山东半岛蓝色经济区 1956～2000 年多年平均天然径流量为 96.98 亿 $m^3$,20%、50%、75% 和 95% 频率年天然径流量分别为 147.72 亿 $m^3$、78.24 亿 $m^3$、42.42 亿 $m^3$ 和 12.39 亿 $m^3$。

#### 3. 地下水资源量

地下水是水资源的重要组成部分,在保障城乡居民生活用水,支持社会经济发展和维持生态平衡等方面发挥了重要作用,尤其是在山东半岛地表水资源相对匮乏的情况下,地下水资源具有不可替代的重要作用。

地下水资源量按平原区和山丘区分别计算。平原区以总的补给量扣除井灌回归量作为地下水资源量,平原区总补给量包括降水入渗补给量、地表水体入渗补给量、山前侧渗量、人工回灌补给量。山丘区地下水资源量以总排泄量计算,排泄量包括河川基流量、河床潜流量、山前侧向流出量、开采净消耗量等。参照《山东省水资源综合规划》成果,山东半岛蓝色经济区地下水资源评价以 1956 ~ 2000 年多年平均地下水资源量作为近期条件下的多年平均水资源量,多年平均地下水资源量 58. 50 亿 m³。

4. 水资源总量

水资源总量为地表水资源量加地下水资源量并扣除重复计算量。山东半岛蓝色经济区多年平均水资源总量 130. 34 亿 m³,其中地表水资源量 96. 98 亿 m³、地下水资源量 58. 50 亿 m³、重复计算量 25. 12 亿 m³,该区多年平均水资源模数 15. 3 万 m³/(km² · a)。

5. 水资源特点

(1)水资源总量不足,人均和亩均水资源占有量偏低。

山东半岛蓝色经济区人均水资源占有量为 342 m³,与全省人均平均水平相当,不到全国人均水资源占有量的 1/6,加上黄河的客水资源 28. 74 亿 m³,人均水资源占有量也仅为 418 m³,与国际灌溉排水委员会提供的全球 122 个国家和地区的水资源相比分析,人均水资源占有量与非洲国家突尼斯的人均水资源占有量相当,远远不如埃及、叙利亚等中东国家。根据一个地区经济社会发展所必需的 1 000 m³ 的临界值,属于人均水资源占有量小于 500 m³ 的严重缺水区域,也必将经受极其严重的缺水危机。山东半岛蓝色经济区亩均水资源占有量 287 m³,处于世界亩均水资源占有量较少地区。当地水资源不足,人均和亩均水资源占有量偏低,这是造成该区水资源供需矛盾十分突出的主要原因。

(2)水资源地区分布不均,各地开发利用条件差别明显。

山东半岛蓝色经济区多年平均降水量在鲁东南地区的日照市和临沂的莒南县达 800 mm 以上,而在鲁西北地区仅为 550 多 mm。多年平均年径流深在鲁东南山丘区达 300 mm 以上,而在鲁西北地区仅为 30 ~ 60 mm。从水资源开发利用条件来看,山丘区和平原区差距也很大。山东东南沿海地区和胶东半岛地区多为山丘区,水资源相对较为丰富,多数河流具有兴建水库拦蓄河水径流的地形条件。对于黄泛平原区,虽在许多河流上兴建了大量拦河闸,但由于河川径流量小并多集中在汛期,可利用的地表水资源量不多。总的来讲,水资源的地区分布受地形、地貌、水文气象、水文地质以及人类活动等多种因素的影响,各地差异很大。

(3)水资源年际、年内变化剧烈,连丰、连枯现象对保障水资源的稳定供给影响较大。

山东半岛蓝色经济区各地降水、水资源量年际变化幅度很大,存在着明显的丰水年、枯水年交替出现现象,连续丰水年与连续枯水年的出现也十分明显。同时,年内天然降水量分配也具有明显的季节性,6~9月集中了全年约3/4的雨量,一年内的地表水资源量约有4/5集中在汛期,因此洪涝灾害多发生在7、8月,旱灾则主要集中在春季、初夏和晚秋。随着社会经济的发展和人口的增加,对水资源的需求量剧增,水的供需矛盾也日趋尖锐,连续枯水年的出现对社会经济发展和生态环境的影响越来越大。

年际年内变化剧烈这一自然特点,是造成该区洪涝、干旱等自然灾害频繁的根本原因,同时也给水资源开发利用带来很大困难。

(4)河道水量减少,使下游及河口滩涂、浅海渔业生产和维系生态平衡的淡水量得不到保证。

由于经济的快速发展,上、中游水资源利用量的增加,导致河道下游水资源量减少,河道生态遭到破坏。同时在河口地区,由于得不到足够淡水资源的供给,那些依赖淡水资源生活的生物大量灭绝,直接或间接地造成食物链破坏,生态平衡的稳定性失衡,造成社会、经济以及生态的巨大损失。

(5)缺少多年调节的地下水源地,地下水可开采模数较小,干旱、水荒现象严重。

山东半岛蓝色经济区缺少多年调节的地下水源地,地下水可开采模数较小,而水资源的时空分布不均,导致不同年份的降水量和地表径流量差异很大。在1988~1989年和1999~2000年胶东地区就出现了大面积的干旱,甚至出现了水荒现象。

#### (二)水质评价

水体水质是指地表、地下水体的物理、化学及生物学的特征和性质。水质评价内容包括水化学类型、现状水质及水污染分析。

##### 1.地表水水资源质量评价

根据山东半岛蓝色经济区内2008年实测56个水功能区(黄河水东支调水水源保护区河干)资料,按照年均值评价结果,水质达到Ⅱ类标准的有13个,占23.2%;水质达到Ⅲ类标准的有19个,占33.9%;水质符合Ⅳ类标准的有6个,占10.7%;水质符合Ⅴ类标准的有2个,占3.6%;水质为劣Ⅴ类的水功能区有16个,占28.6%。

监测评价的56个水功能区中,有32个水功能区水质达标(指达到《山东省水功能区划》中规定的水质目标,排污控制区以下游功能区水质目标为控制目标,以下同),达标率为57.1%。评价河长2 122.7 km,达标河长935.0 m,占44.0%;评价湖库面积197.8 km$^2$,达标面积197.8 km$^2$,占100.0%。

##### 2.地下水水资源质量评价

2008年山东半岛蓝色经济区地下水水质监测井数共1 015眼,其中符合Ⅰ类标准的水井数56眼,占5.52%;符合Ⅱ类标准的水井数208眼,占20.49%;符合Ⅲ类标准的水井数402眼,占39.61%;符合Ⅳ类标准的水井数281眼,占27.68%;符合Ⅴ类标准的水井数114眼,占11.23%。符合Ⅲ类标准以上的水井数666眼,占65.62%,其中淄博的高青县最低,仅占2.4%;最好的是日照,占94.5%。总的来讲,地下水质量情况有所好转,但是仍需要进一步提高。

#### (三)水资源开发利用现状分析及存在的主要问题

##### 1.供水基础设施概况

山东半岛蓝色经济区供水基础设施主要包括地表水源工程、地下水源工程、其他水源工程等。

##### 1)地表水源工程

以南水北调东线和胶东调水工程为主干框架的全省水资源调配工程建设步伐加快,山东水网初现雏形,区域内青岛、潍坊、日照等市的局域水网日益完善,全省大水网和区域性水网框架已基本形成,为实现区域内水资源的科学调度、优化配置奠定了基础,水资源的时空调度能力有所增强。由于用水量的大幅度增加,河流下游来水量逐年减少,为使有限的水资源得到充分利用,区域内建设了众多的平原水库及河道拦蓄工程(水库、闸坝等)。目前,山东半岛蓝色经济区共有大中小型水库 4 073 座(含平原水库),其中大型水库 19 座、中型水库 129 座、小型水库 3 925 座、塘坝 22 856 座、各类河道拦河闸坝 543 座。大型水库总库容达 53.59 亿 $m^3$、中型水库总库容 32.62 亿 $m^3$、小型水库总库容 22.24 亿 $m^3$、塘坝总库容 5.87 亿 $m^3$。万亩以上灌区 245 处,控制灌溉面积 1 575.87 万亩,其中大型灌区 25 处。

2)地下水源工程

经过多年的持续开发建设,区内已初步形成了地下水资源开发利用的工程体系,这些工程在促进人民生活水平的提高及工农业生产的稳定发展方面发挥了巨大的作用。区内地下水资源开发设施主要有机电井 395 015 眼,其中已配套机电井 355 869 眼,主要用于工业生产、农业灌溉和城镇居民生活供水。

3)其他水源工程

非常规水源工程主要包括城市污水集中处理回用(再生水回用)、海水利用(海水直接利用及海水淡化)等工程。

现状年山东半岛蓝色经济区共建成污水集中处理厂 66 座,总处理规模为 317.5 万 $m^3/d$。现状年实际处理量为 9.07 亿 $m^3$,污水处理率约 80%。

蓝色经济区各市在海水利用方面取得了长足进展,海水利用能力逐步扩大,技术水平不断提高,海水利用产业初具规模。现状年区域内共建成海水淡化工程 16 处,日海水淡化量 3.2 万 $m^3$,主要用于企业锅炉软化水和海岛居民生活用水,所采取的处理工艺主要为反渗透膜法和低温多效蒸馏等技术。

2. 供水状况

根据 2004 ~ 2008 年《山东省水资源公报》,山东半岛蓝色经济区 2004 ~ 2008 年平均总供水量为 73.26 亿 $m^3$,其中当地地表水供水量为 25.39 亿 $m^3$,占总供水量的 34.7%;跨流域调水(黄河水)为 19.60 亿

$m^3$,占总供水量的26.7%；当地地下水供水量为27.57亿 $m^3$,占总供水量的37.6%；其他水源供水量为0.71亿 $m^3$,占总供水量的1.0%。山东半岛蓝色经济区2004~2008年供水量统计如表3-1所示,历年供水结构如图3-3所示。

表3-1　山东半岛蓝色经济区2004~2008年供水量统计　　（单位:亿 $m^3$）

| 年份 | 当地地表水 | 黄河水 | 当地地下水 | 其他水源 | 总供水量 |
|---|---|---|---|---|---|
| 2004 | 22.90 | 18.95 | 27.54 | 0.28 | 69.67 |
| 2005 | 25.45 | 18.67 | 28.41 | 0.49 | 73.02 |
| 2006 | 26.60 | 20.26 | 29.97 | 1.08 | 77.91 |
| 2007 | 26.21 | 20.61 | 25.66 | 0.71 | 73.·19 |
| 2008 | 25.79 | 19.49 | 26.26 | 0.99 | 72.53 |
| 平均 | 25.39 | 19.60 | 27.57 | 0.71 | 73.26 |

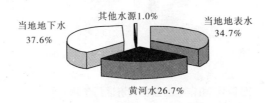

图3-3　山东半岛蓝色经济区历年供水结构

3. 用水状况

用水量是指分配给用户的包括用水输水损失在内的毛用水量。用水量按用户类型分为生活用水、工业用水、农业用水和生态环境用水四大类。

山东半岛蓝色经济区2004~2008年平均总用水量为73.25亿 $m^3$。其中农业灌溉用水量、林牧渔畜用水量、工业用水量、城镇居民生活用水量、农村居民生活用水量、城镇公共用水量和生态环境用水量分别为45.00亿 $m^3$、7.98亿 $m^3$、9.04亿 $m^3$、3.66亿 $m^3$、4.23亿 $m^3$、2.18亿 $m^3$ 和1.16亿 $m^3$。山东半岛蓝色经济区2004~2008用水量统计如

表 3-2 所示,历年用水结构如图 3-4 所示。

**表 3-2　山东半岛蓝色经济区 2004～2008 年用水量统计**　　（单位:亿 m³）

| 行政分区 | 农业灌溉用水量 | 林牧渔畜用水量 | 工业用水量 | 城镇居民生活用水量 | 农村居民生活用水量 | 城镇公共用水量 | 生态环境用水量 | 合计 |
|---|---|---|---|---|---|---|---|---|
| 2004 | 43.28 | 8.32 | 8.51 | 2.78 | 4.32 | 1.98 | 0.48 | 69.67 |
| 2005 | 46.31 | 7.95 | 8.22 | 3.41 | 4.16 | 2.10 | 0.86 | 73.01 |
| 2006 | 49.48 | 8.34 | 8.81 | 3.56 | 4.31 | 2.19 | 1.21 | 77.90 |
| 2007 | 44.11 | 7.78 | 9.83 | 3.81 | 4.08 | 2.09 | 1.47 | 73.17 |
| 2008 | 41.84 | 7.51 | 9.81 | 4.75 | 4.28 | 2.55 | 1.78 | 72.52 |
| 平均 | 45.00 | 7.98 | 9.04 | 3.66 | 4.23 | 2.18 | 1.16 | 73.25 |

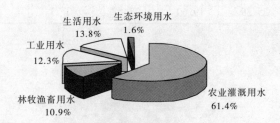

生活用水 13.8%　生态环境用水 1.6%　工业用水 12.3%　林牧渔畜用水 10.9%　农业灌溉用水 61.4%

**图 3-4　山东半岛蓝色经济区历年用水结构**

由图 3-4 可以看出,不同用水部门中农业灌溉用水最多,占到了总用水量的 61.4%;其次为生活用水、工业用水及林牧渔畜用水,分别占 13.8%、12.3%、10.9%;生态环境用水比例最小,仅占 1.6%。由于农业用水受当年降水的影响较大,因此历年农业用水量变化差异较大,导致本地区总用水量不同年份变化较大。2004～2008 年农业用水量最多为 49.48 亿 m³,发生在 2006 年;最少为 41.84 亿 m³,发生在 2008 年。

4. 现状年用水水平分析

现状年(2008 年)山东半岛蓝色经济区总人口 3 801 万人,地区生产总值 16 591 亿元,总用水量 72.52 亿 m³,人均综合用水量为 191

$m^3/($人·$a)$,万元 GDP 取水量 44 $m^3/$万元;实现工业增加值 9 048 亿元,工业取水量 9.81 亿 $m^3$,万元工业增加值取水量 10.84 $m^3/$万元,工业用水重复利用率 75%;城镇人均生活综合用水量 100 L/(人·d);农村人均生活综合用水量 65 L/(人·d),实灌面积 2 395 万亩,农业灌溉用水量 41.84 亿 $m^3$,农业灌溉亩均用水量 175 $m^3/$亩,灌溉水有效利用系数 0.55。山东半岛蓝色经济区用水水平与山东省平均用水水平比较见表 3-3。

表 3-3 山东半岛蓝色经济区用水水平与山东省平均用水水平比较

| 指标 | 单位 | 山东半岛蓝色经济区 | 山东省 |
|---|---|---|---|
| 人均综合用水量 | $m^3/($人·$a)$ | 191 | 240 |
| 万元 GDP 取水量 | $m^3/$万元 | 44 | 120 |
| 城镇人均生活综合用水量 | L/(人·d) | 100 | 115 |
| 农村人均生活综合用水量 | L/(人·d) | 65 | 37 |
| 万元工业增加值取水量 | $m^3/$万元 | 10.84 | 20 |
| 工业用水重复利用率 | % | 75 | 65 |
| 灌溉水有效利用系数 | | 0.55 | 0.55 |
| 农业灌溉亩均用水量 | $m^3/$亩 | 175 | 227 |

由表 3-3 可以看出,人均综合用水量、城镇人均生活综合用水量、万元工业增加值取水量、农业灌溉亩均用水量、万元 GDP 取水量均比山东省平均水平低,农村人均生活综合用水量、工业用水重复利用率比山东省平均值高。从分析结果可以看出,总体山东半岛蓝色经济区的用水水平较全省平均水平高。

5. 水资源开发利用过程中存在的问题

山东半岛蓝色经济区水资源开发利用过程中存在的问题主要体现在以下几个方面:

(1)河道断流现象频发,河流、湖泊、水库水质污染严重,富营养化明显,防治污染、净化水质方面的投入负担加重。诸如农药、化肥的大量施用,工业和生活污废水、废料、垃圾等未经处理就直接排入河道或就地处置,以及水产养殖等生产活动都是造成水体污染的直接原因。

水质污染造成了许多水无法使用,不仅给附近的居民生活造成了极大的危害,而且使可利用的水资源量减少,加剧了水资源的供需矛盾。

(2)地下水超采严重,平原区地下水位下降,沿海地区海(咸)水入侵,水环境灾害频发,生态环境恶化。主要表现为:①地下水位持续下降,漏斗区不断扩大。地下水位下降开始于20世纪70年代末,由于经济的复苏,用水量开始上升,从而引起地下水的严重超采,造成地下水位的持续下降,地下漏斗区域不断扩大。②海(咸)水入侵现象较为严重,目前山东半岛蓝色经济区海(咸)水入侵面积达2 000 km$^2$。这不仅使淡水资源减少,也造成工农业生产供水和人畜饮水困难。③产生地面沉降、房屋裂缝、道路毁坏、河堤开裂以及水质污染等严重水环境灾害。

(3)水权不明确,水市场不发育,极大地影响水资源的优化配置。水权即水资源的所有权、使用权和经营权,水市场是建立在水权的转让和出售基础上的准市场。水权的转让和出售,是水的利用从低效益的经济领域转向高效益的领域,提高水的利用效率、明晰水权是深化改革,实现水资源优化配置的必要前提,水价的调整及水市场的培育和发展是水资源优化配置的重要手段。

(4)水利基础设施薄弱,已建蓄引提工程存在病险等隐患。农田水利基础设施不完善,灌区渠系建筑物老化失修,农业用水的有效利用率较低,农业抗御自然灾害的能力不强,影响粮食的安全生产;全区灌溉率仅50%左右,区域内的农业灌溉用水得不到保证。

## 三、山东省蓝色经济区经济社会发展对水资源的新需求

山东半岛蓝色经济区是以临港、涉海、海洋产业发达为特征,以科学开发海洋资源与保护环境为导向,以区域优势产业为特色,以经济、文化、社会、生态协调发展为前提,具有较强综合竞争力的经济功能区。随着经济区社会、经济及生态的发展,对水资源的需求也将越来越大。因此,应在现状年的基础上分析未来山东半岛蓝色经济区水资源的新需求,同时采取各种措施增加水资源的供应量,提高水资源的保障能力,以适应山东半岛蓝色经济区的社会经济需要。

## (一)"一区"社会发展对水资源的新需求

山东半岛蓝色经济区社会发展对水资源的新需求主要是通过蓝色经济区内需水量和可供水量进行预测计算来分析蓝色经济区水资源现状年和规划年的水资源供需关系。选取 2008 年为现状年,2015 年和2020 年为规划年。社会发展指标预测是需水预测和水资源合理配置的基础。山东半岛蓝色经济区对水资源的新需求主要包括人口及城镇化进程的加速、工业和农业发展及生态环境对水资源的新需求。

1. 人口及城镇化进程的加速对水资源的新需求

1) 人口自然增长率及城镇化率预测

山东半岛蓝色经济区 2008 年总人口为 3 801 万人,其中城镇人口为 1 984 万人,城镇化率为 52%。

全区各市人口自然增长率有所差异,经济相对发达地区,如青岛、烟台、威海等增长率会低一些,经济欠发达地区,如德州增长率可能会稍高。从全省第五次人口普查资料看,流动人口流入地区主要是经济相对发达地区,而经济相对落后地区流动人口较少。考虑以上因素及条件限制,预测山东半岛蓝色经济区 2008～2015 年人口自然增长率为4.55‰,到 2015 年山东半岛蓝色经济区全区人口为 3 924 万人;2015～2020 年人口自然增长率为 3.76‰,截止到 2020 年全区人口达到3 998万人。

根据山东半岛蓝色经济区内各市发展计划、规划及一些主要城市建设规划,在趋势分析和规划指标相结合的基础上进行城镇人口预测。预测 2015 年山东半岛蓝色经济区城镇化率达到 60%,则全区城镇人口为 2 354 万人;2020 年山东半岛蓝色经济区城镇化率达到 64%,则全区城镇人口为 2 559 万人。山东半岛蓝色经济区 2008 年和规划年人口及城镇化率见表3-4。

表 3-4　山东半岛蓝色经济区 2008 年和规划年人口及城镇化率

| 年份 | 总人口(万人) | 城镇人口(万人) | 农村人口(万人) | 城镇化率(%) |
| --- | --- | --- | --- | --- |
| 2008 | 3 801 | 1 984 | 1 817 | 52 |
| 2015 | 3 924 | 2 354 | 1 570 | 60 |
| 2020 | 3 998 | 2 559 | 1 439 | 64 |

2) 居民用水定额预测

人口的自然增长、迁徙流动、用水定额的变化是影响生活用水量的主要指标,生活用水量一般采用定额法和趋势法进行预测。这里采用人均日用水量定额法进行预测,用水定额分为城镇居民生活用水定额和农村居民生活用水定额。

根据经济社会发展水平、人均收入水平、水价水平、节水器具与普及情况,结合生活用水习惯和现状用水水平,参考国内外同类地区或城市生活用水定额,参照建设部门制定的居民生活用水定额标准,拟定不同规划年的居民城镇用水定额。2008 年山东半岛蓝色经济区城镇居民生活综合用水定额为 125 L/(人·d),随着人民生活水平和生活质量的不断提高,相应的人均取用水标准也将相应地有所增大,但未来生活用水量增长是生活水平的提高与生活节水措施共同作用的结果。因此,预测 2015 年和 2020 年山东半岛蓝色经济区城镇居民生活综合用水定额分别为 130 L/(人·d)和 135 L/(人·d)。

随着社会主义新农村建设和村村通自来水工程的实施,并考虑农村生活用水习惯,适当考虑农村环境用水,预计农村居民生活用水定额将呈增长趋势。2008 年山东半岛蓝色经济区农村居民生活用水定额为 65 L/(人·d),预测 2015 年和 2020 年农村居民生活用水定额分别为 80 L/(人·d)和 90 L/(人·d)。

3) 人口及城镇化加速需水量

人口及城镇化加速所需水量为居民生活需水量,即城镇居民生活需水量和农村居民生活需水量之和。各水平年城镇、农村人口及居民需水量预测计算结果见表 3-5。

从表 3-5 中可以看出,2008 年居民生活总需水量为 13.36 亿 m³,到 2015 年和 2020 年居民生活总需水量分别为 15.75 亿 m³ 和 17.34 亿 m³,比 2008 年分别增加了 2.39 亿 m³ 和 3.98 亿 m³。

2. 工业发展对水资源的新需求

随着社会进步和经济发展,工业在国民经济各部门中所占的比重越来越大,需水量也相应地不断增加,影响工业需水量的因素很多,主要有工业发展情况、技术水平和产业结构等。随着科学技术的发展、产业结构的调整、工艺水平的不断完善以及工业用水重复利用率的不断提高,单位工业增加值需水量会不断下降。工业需水量采用工业万元增加值用水定额法进行预测。

表3-5　各水平年城镇、农村人口及居民需水量预测计算结果

| 水平年 | 城镇 | | | 农村 | | | 合计 (亿 m³) |
|---|---|---|---|---|---|---|---|
| | 人口 (万人) | 居民生活用水定额 (L/(人·d)) | 居民生活需水量 (亿 m³) | 人口 (万人) | 居民生活用水定额 (L/(人·d)) | 居民生活需水量 (亿 m³) | |
| 2008 | 1 984 | 125 | 9.05 | 1 817 | 65 | 4.31 | 13.36 |
| 2015 | 2 354 | 130 | 11.17 | 1 569 | 80 | 4.58 | 15.75 |
| 2020 | 2 559 | 135 | 12.61 | 1 439 | 90 | 4.73 | 17.34 |

1）工业万元增加值用水定额预测

在进行工业万元增加值用水定额预测时,应充分考虑各种影响因素对用水定额的影响,主要影响因素有:①行业生产性质及产品结构;②用水水平、节水程度;③企业生产规模;④生产工艺、生产设备及技术水平;⑤用水管理与水价水平。对有关部门和省、市已制定的用水定额标准,经综合分析后,可作为近期工业用水定额预测的基础参考数据。远期工业用水定额参考目前经济发达、用水水平比较先进国家或地区的用水定额,并结合当地发展条件确定。2008 年山东半岛蓝色经济区工业万元增加值用水定额为 11 m³/万元,随着节水技术的发展,预测2015 年和 2020 年工业万元增加值用水定额分别为 10 m³/万元和8 m³/万元。

2）工业万元增加值增长率预测

2008 年山东半岛蓝色经济区工业万元增加值为 9 048 亿元,根据《山东省水资源综合规划》,预测 2008～2015 年,山东半岛蓝色经济区工业万元增加值增长率为 12%,到 2015 年经济区工业万元增加值达到 20 002 亿元;预测 2015～2020 年全区工业万元增加值增长率为10%,则到 2020 年经济区工业万元增加值将达到 32 214 亿元。

3）工业需水量预测

山东半岛蓝色经济区工业需水量采用工业万元增加值用水定额法进行计算,根据上述预测,山东半岛蓝色经济区工业发展需水量计算结果见表 3-6。

表 3-6　山东半岛蓝色经济区工业发展需水量计算结果

| 水平年 | 定额（m³/万元） | 万元增加值（亿元） | 需水量（亿 m³） |
|---|---|---|---|
| 2008 | 11 | 9 048 | 9.95 |
| 2015 | 10 | 20 002 | 20.00 |
| 2020 | 8 | 32 214 | 25.77 |

### 3. 农业发展对水资源的新需求

农业需水包括农田灌溉需水和林牧渔畜需水两部分,其中农田灌溉需水分水浇地、菜田需水,林牧渔畜需水分林果地灌溉、牲畜用水、鱼塘补水等。

1）农田灌溉需水量预测

农田灌溉需水量采用灌溉定额法进行预测。参照《山东省水资源综合规划》,不同水平年、不同保证率下农田灌溉保证率定额预测成果见表 3-7。

表 3-7　不同水平年、不同保证率下农田灌溉保证率定额预测成果

（单位:m³/万亩）

| 水平年 | 保证率 | | | |
|---|---|---|---|---|
| | 50% | | 75% | |
| | 水浇地 | 菜田 | 水浇地 | 菜田 |
| 2008 | 210 | 300 | 220 | 310 |
| 2015 | 200 | 310 | 210 | 300 |
| 2020 | 190 | 300 | 200 | 290 |

2008 年山东半岛蓝色经济区全区农田灌溉面积为 2 395 万亩,其中水浇地为 1 608 万亩,菜田为 787 万亩。随着大中型灌区续建配套与节水改造工程,中低产田和水利灌溉系统不断完善,积极推进种植结

构调整,提高复种指数和作物单产,实现粮食稳产、高产和经济作物增收。预测农田灌溉面积在现状基础上略有增加,预测 2015 年和 2020 年农田灌溉面积达到 2 506 万亩和 2 583 万亩,其中 2015 年水浇地和菜田分别为 1 676 万亩和 830 万亩,2020 年水浇地和菜田分别为 1 720 万亩和 863 万亩。

根据上述预测,当农田灌溉保证率为 95% 时按照保证率为 75% 的定额进行计算,则山东半岛蓝色经济区不同水平年、不同保证率下农田灌溉需水量计算结果见表 3-8。

表 3-8　山东半岛蓝色经济区不同水平年、不同保证率下农田灌溉需水量计算结果

（单位:亿 m³）

| 水平年 | 保证率 | | | | | |
|---|---|---|---|---|---|---|
| | 50% | | | 75%(95%) | | |
| | 水浇地 | 菜田 | 合计 | 水浇地 | 菜田 | 合计 |
| 2008 | 33.77 | 23.61 | 57.38 | 35.38 | 24.40 | 59.78 |
| 2015 | 33.52 | 25.73 | 59.25 | 35.20 | 24.90 | 60.10 |
| 2020 | 32.68 | 25.89 | 58.57 | 34.40 | 25.03 | 59.43 |

2) 林牧渔畜需水量预测

林牧渔畜需水量包括林果地灌溉、鱼塘补水和牲畜用水等。灌溉林果地需水量预测采用灌溉定额预测方法。鱼塘补水量为维持鱼塘一定水面面积和相应水深所需要补充的水量,采用亩均补水定额方法计算,亩均补水定额根据鱼塘渗漏量及水面蒸发量与降水量的差值加以确定。牲畜用水定额采用现状调查值。2008 年林果地灌溉定额为 140 m³/亩,预测林果地灌溉定额 2015 年和 2020 年分别为 130 m³/亩和 120 m³/亩。2008 年山东半岛蓝色经济区现有林果地灌溉面积和鱼塘补水面积为 473 万亩,预测 2015 年和 2020 年林果地灌溉面积分别为 552 万亩和 612 万亩。

2008 年山东半岛蓝色经济区鱼塘亩均补水定额为 1 050 m³/亩,预测 2015 年和 2020 年鱼塘亩均补水定额分别为 1 000 m³/亩和 950

$m^3$/亩;2008 年山东半岛蓝色经济区全区鱼塘补水面积为 161 万亩,预测 2015 年和 2020 年鱼塘补水面积分别达到 191 万亩和 211 万亩。

大、小牲畜各水平年用水定额均为 30 L/(头·d)、15 L/(头·d),2008 年山东半岛蓝色经济区有大、小牲畜 242 万头、1 980 万头,预测 2015 年大、小牲畜分别达到 262 万头、2 020 万头,2020 年大、小牲畜分别达到 292 万头、2 050 万头,则山东半岛蓝色经济区各水平年林牧渔畜需水量预测成果见表 3-9。

表 3-9  山东半岛蓝色经济区各水平年林牧渔畜需水量预测成果

(单位:亿 $m^3$)

| 项目 | 水平年 | | |
|---|---|---|---|
| | 2008 | 2015 | 2020 |
| 林果地 | 6.62 | 7.18 | 7.34 |
| 鱼塘 | 16.91 | 19.10 | 20.05 |
| 大牲畜 | 0.73 | 0.79 | 0.88 |
| 小牲畜 | 2.97 | 3.03 | 3.08 |
| 合计 | 27.23 | 30.10 | 31.35 |

3)农业总需水量

农业需水量为农田灌溉需水量和林牧渔畜需水量之和,根据上述预测,山东半岛蓝色经济区不同水平年、不同保证率下农业总需水量见表 3-10。

表 3-10  山东半岛蓝色经济区不同水平年、不同保证率下农业总需水量

(单位:亿 $m^3$)

| 保证率 | 水平年 | | |
|---|---|---|---|
| | 2008 | 2015 | 2020 |
| 50% | 84.61 | 89.35 | 89.92 |
| 75%(95%) | 87.01 | 90.20 | 90.78 |

4.生态环境对水资源的新需求

由于对生态的认识不同,对生态需水量的定义也有很多不同。有

人认为,生态需水量是生态系统达到某种生态水平或是维持某种生态系统平衡所需要的水量,或是发挥期望的生态功能所需要的水量,水量配置是合理的、可持续的。对于一个特定的生态系统,生态需水量有一个阈值范围,超过阈值就会导致生态系统的退化和破坏,这里生态环境需水量是指维护生态环境不再恶化并逐渐改善要消耗的水资源总量。参照《山东半岛蓝色经济区水利发展规划》,山东半岛蓝色经济区现状年生态需水量为 0.9 亿 $m^3$,预测 2015 年和 2020 年的生态环境需水量分别达到 2.2 亿 $m^3$ 和 2.6 亿 $m^3$。

5. 不同水平年总需水量

山东半岛蓝色经济区不同水平年总需水量为居民需水量、工业需水量、农业需水量和生态环境需水量之和,根据上述预测和计算,不同水平年总需水量汇总见表 3-11。

表 3-11　不同水平年总需水量汇总　　（单位:亿 $m^3$）

| 水平年 | | 2008 | 2015 | 2020 |
|---|---|---|---|---|
| 城镇居民 | | 9.05 | 11.17 | 12.61 |
| 农村居民 | | 4.31 | 4.58 | 4.73 |
| 工业 | | 9.95 | 20.00 | 25.77 |
| 农业 | 50% | 84.61 | 89.35 | 89.92 |
| | 75%(95%) | 87.01 | 90.20 | 90.78 |
| 生态环境 | | 0.9 | 2.2 | 2.6 |
| 总需水量 | 50% | 108.82 | 127.3 | 133.63 |
| | 75%(95%) | 111.22 | 128.15 | 136.49 |

## (二)"三带"重点特色产业用水水平分析

建设山东半岛蓝色经济区,要立足当前,着眼长远,突出重点,精心谋划,着力形成"一区三带"的发展格局。

"一区"就是全面打造山东半岛蓝色经济区。经过全省努力,实现"五个突破":在发展布局上有所突破,形成海陆一体发展格局;在优势产业上有所突破,形成现代海洋产业体系;在海洋保护上有所突破,形成可持续发展的新模式;在科技创新上有所突破,形成具有自主知识产权的核心竞争;在体制机制上有所突破,形成促进蓝色经济健康发展的有力保障。建成海洋经济发达、产业优势突出、人与自然和谐发展的山东半岛蓝色经济区。

"三带"就是依托沿海城市,优化涉海生产力布局,形成三个优势特色产业带:一是在黄河三角洲高效生态经济区规划建设区域着力打造沿海高效生态产业带;二是在胶东半岛着力打造沿海高端产业带;三是构建以日照精品钢基地为重点的鲁南临港产业带。随着山东半岛蓝色经济区"三带"重点产业的发展,对水资源也会提出新的需求。2008年,山东半岛蓝色经济区工业万元增加值用水定额为 11 m³/万元,通过经济区"三带"的发展,特别是通过发展"三带"节水绿色农业、高新技术等特色产业,努力建造节水型社会;2015 年,节水灌溉率达到 50%以上,农业灌溉水利用系数提高到 0.63,工业用水重复利用率提高到80%以上,工业万元增加值用水量降到 10 m³/万元;2020 年,节水灌溉率达到 60%以上,农业灌溉水利用系数提高到 0.67,基本实现农业用水总量零增长或负增长,工业重复利用率提高到 85%以上,工业万元增加值用水量降到 8 m³/万元,促进人水和谐可持续发展。

1. 黄河三角洲沿海高效生态产业带对水资源的新需求

黄河三角洲沿海高效生态产业带应发挥黄河三角洲地区土地、海域后备资源丰富的优势,以资源高效利用和改善生态环境为主线,大力发展体现高效生态、循环经济、精细加工的优势产业,按照高效、生态、创新的原则,建成一大批现代海洋牧场和生态畜牧业养殖基地,大力发展临港物流业、生态旅游业等现代服务业,加快构筑结构合理、功能完备、特色鲜明的现代服务业体系。根据黄河三角洲高效生态产业带的特色、优势和产业发展要求,今后黄河三角洲高效生态产业带重点发展的产业有生态渔业、节水绿色农业、生态畜牧业、原动机制造业、石油及天然气开采业、石油制品及石油加工业、机制纸及纸板制造业、纺织业、临港物流业等。通过节水型农业和小开河引黄灌区高效节水农业示范区推广工程,节约农业用水,力争达到农业用水的零增长或是负增长。

山东半岛蓝色经济区黄河三角洲地区万元工业增加值用水量,力争通过推广工业节水,到 2015 年和 2020 年万元工业增加值降至 10 $m^3$/万元和 8 $m^3$/万元。

2. 胶东半岛沿海高端产业带对水资源的新需求

胶东半岛沿海高端产业带应以青岛为龙头,以烟台、潍坊、威海沿海城市为骨干,充分发挥地理区位优越、港口体系完备、经济外向高、产业基础好、发展潜力大等优质资源富集的综合优势,以推进高端产业聚集区建设为契机,以建设现代海洋产业体系为目标,积极承接国际产业转移,大力实施高端、高质、高效产业发展战略,全力打造高技术含量、高附加值、高成长性的高端产业集群。胶东半岛高端产业在原有产业优势的基础将重点发展电子信息、汽车制造、船舶制造、海洋食品、服装加工及旅游业等产业。2008 年,胶东半岛工业万元增加值用水定额为 10 $m^3$/万元,通过技术工业节水技术的推广和大力发展高端特色产业,到 2015 年力争将工业万元增加值用水定额降至 8.5 $m^3$/万元,到 2020 年将工业万元增加值用水量降至 7.5 $m^3$/万元。

3. 鲁南临港产业带对水资源的新需求

鲁南临港产业带应充分发挥日照港深水大港、腹地广阔的优势,加快鲁南临港产业区发展,带动鲁南经济带的开发建设。按照走新型工业化道路的要求,以做大、做强日照精品钢基地为重点,集中培植钢铁、电力、石化、木浆造纸、加工装配工业等运量大、外向型和港口依赖度高的临海产业。以日照保税物流园扩容升级为重点,加强立体疏港交通体系建设,密切港口与腹地之间的交通联系,着力贯通出海通道,加快发展现代港口物流业,把鲁南临港产业区建设成为我国东部沿海重要的临海产业基地和区域性国际航运物流中心。鲁南临港产业带依托日照港的优势将重点发展钢铁、电力、木浆制造、石油制品、原油加工、炼焦、海洋化工、装备制造及旅游业等产业。2008 年,鲁南地区工业万元增加值用水定额为 22 $m^3$/万元,通过在该区钢铁、木浆制造、电力等用水大户中推广节水技术,并充分利用非常规水源,减少新鲜水的用水量,使万元增加值用水定额在 2015 年和 2020 年分别达到 18 $m^3$/万元和 16 $m^3$/万元。

## 四、山东半岛蓝色经济区水资源保障能力评价

为了进一步掌握山东半岛蓝色经济区水资源形势,为分析研究水资源问题提供基本依据,需要对山东半岛蓝色经济区水资源能力的现状年和规划年作出总体评价。

### (一)水资源保障能力评价模型

#### 1.评价的流程

根据山东半岛蓝色经济区的区域特点,其水资源可持续利用评价指标体系分为三层。顶层为目标层,反映区域水资源保障能力,目标层又可分解为七个基本方面:社会经济保障、资源保障、工程保障、生活保障、生产保障、生态环境保障及水资源管理保障,这七个方面组成了评价的准则层。最后一层为基础性评价指标。确定了水资源保障能力评价体系后,首先要确定评价标准,其次要对评价指标进行归一化处理,确定各评价指标的权重,最后利用模糊综合评判模型对山东半岛蓝色经济区水资源保障能力进行评价。水资源保障能力评价流程图如图3-5所示。

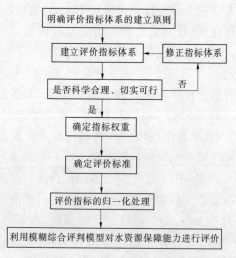

**图3-5　水资源保障能力评价流程图**

2.模糊综合评判模型

模糊综合评判是应用模糊数学对包含着一些差异界限不分明的事物进行评价的一种方法。由于模糊数学在处理客观实际问题时既能与精确数学结合,又有区别于精确数学"非此即彼"的特性,因此可采用该方法对区域的水资源保障能力进行评价。

设给定两个有限域:
$$U = \{U_1, U_2, \cdots, U_n\}, \quad V = \{V_1, V_2, \cdots, V_m\}$$
式中:$U$ 为综合评判的因素所组成的集合;$V$ 为最终评语所组成的集合。

取 $U$ 上的模糊子集 $A$ 和 $V$ 上的模糊子集 $B$,通过模糊关系矩阵 $R$,则有如下模糊变换

$$A \circ R = B \tag{3-1}$$

式中:$A$ 为 $U$ 中诸因素 $U_i$ 按它对各事物影响的程度,分别赋予不同权重所组成的模糊子集;$R$ 为总的单因子判别矩阵;模糊向量 $B = (B_1, B_2, \cdots, B_m)$ 即为最终综合评价的结果,由模糊向量 $A$ 与模糊关系矩阵 $R$ 合成而得。

在实际评价中,求解出各指标对各个评价等级的隶属度之后,还需要根据一定的方法来判定其所属的质量等级。

在模型具体的建立过程中,首先确定指标的权重系数 $A$,然后计算隶属度并推求评判矩阵 $R$,进而计算综合评价值。把计算得出的指标的权重系数 $A$ 和评判矩阵 $R$ 代入模型计算各分级的隶属度。

(二)社会经济保障能力

社会经济保障能力用人均 GDP、水利投资占 GDP 比例和人口自然增长率三个指标来衡量。2008 年,山东半岛蓝色经济区人均 GDP、水利投资占 GDP 比例和人口自然增长率分别为 43 072 元、0.27% 和 4.55‰,2015 年分别为 72 554 元、0.36% 和 3.76‰,2020 年分别为 114 677元、0.26% 和 3.50‰。根据山东半岛蓝色经济区水资源保障能力评价指标分级及标准,对以上三个方面参数进行综合分析研究,得出水资源评定等级,分为不能保障、可能保障、基本保障、保障和有效保障。根据评价结果山东半岛蓝色经济区水资源的社会经济保障能力

2008 年为可能保障,2015 年为基本保障,2020 年为有效保障。

### (三)工程保障能力

工程保障能力用地表水可供水量、地下水可供水量、客水可供水量、非常规水利用量和水资源开发利用率等五项指标来衡量。2008 年山东半岛蓝色经济区地表水可供水量、客水可供水量、非常规水可供水量和水资源开发利用率分别为 38.7 亿 $m^3$、24.3 亿 $m^3$、2.2 亿 $m^3$ 和 46.9%;2015 年分别达到 42.5 亿 $m^3$、35.5 亿 $m^3$、9.7 亿 $m^3$ 和 60.1%;2020 年分别达到 44.6 亿 $m^3$、36.6 亿 $m^3$、15.3 亿 $m^3$ 和 65.2%,呈逐年上升趋势。2008 年、2015 年和 2020 年山东半岛蓝色经济区地下水可供水量分别为 30.5 亿 $m^3$、30.2 亿 $m^3$ 和 30.1 亿 $m^3$,呈略微下降趋势。根据山东半岛蓝色经济区水资源保障能力评价指标分级及标准,对以上五个方面参数进行综合分析研究,得出水资源评定等级,分别为不能保障、可能保障、基本保障、保障和有效保障。根据评价结果,山东半岛蓝色经济区水资源的工程保障能力 2008 年为不能保障,2015 年为基本保障,2020 年为保障。

### (四)生活保障能力

生活保障能力用城市自来水普及率、城市节水器具普及率、城市自来水管网漏失率、农村自来水普及率和饮用水水质达标率等五项指标来衡量。2008 年山东半岛蓝色经济区城市自来水普及率、城市节水器具普及率和农村自来水普及率和饮用水水质达标率分别为 98.5%、70%、85% 和 98%;2015 年分别达到 99%、75%、95% 和 99%;2020 年分别达到 99.9%、80%、99.9% 和 99.9%,呈逐年上升趋势。2008 年、2015 年和 2020 年,山东半岛蓝色经济区城市自来水管网漏失率则呈下降趋势,分别下降至 16.3%、12.9% 和 9.9%。根据山东半岛蓝色经济区水资源保障能力评价指标分级及标准,对以上五个方面参数进行综合分析研究,得出水资源评定等级,分为不能保障、可能保障、基本保障、保障和有效保障。根据评价结果,山东半岛蓝色经济区水资源的生活保障能力 2008 年为可能保障,2015 年为基本保障,2020 年为有效保障。

### (五)生产保障能力

生产保障能力用万元 GDP 取水定额、万元工业增加值取水定额、工业用水重复利用率、灌溉水利用系数、节水灌溉率和用水结构指数等六项指标来衡量。2008 年、2015 年和 2020 年山东半岛蓝色经济区工业用水重复利用率、灌溉水利用系数、节水灌溉率呈逐年上升趋势,分别为:78.1%、0.6、41.3%;82.9%、0.63、51.3%;86.1%、0.67、64.3%。2008 年、2015 年和 2020 年山东半岛蓝色经济区万元 GDP 取水定额、万元工业增加值取水定额、用水结构指数呈下降趋势,分别为:43.1 m³/万元、11 m³/万元、68%;36.6 m³/万元、10 m³/万元、66%;25.7 m³/万元、8 m³/万元、64.6%。根据山东半岛蓝色经济区水资源保障能力评价指标分级及标准,对以上六个方面参数进行综合分析研究,得出水资源评定等级,分为不能保障、可能保障、基本保障、保障和有效保障。根据评价结果,山东半岛蓝色经济区水资源的生产保障能力 2008 年为有效保障,2015 年为有效保障,2020 年为有效保障。

### (六)生态环境保障能力

生态环境保障能力用万元 GDP 废污水排放量、工业废水达标排放率、城市污水回用率、水土流失治理率、植被覆盖率、海水入侵面积率、水功能区水质达标率和地下水Ⅲ类水达标率等八项指标来衡量。2008 年,山东半岛蓝色经济区工业废水达标排放率、城市污水回用率、水土流失治理率、植被覆盖率、水功能区水质达标率、地下水Ⅲ类水达标率分别为 81%、15%、80%、30%、44% 和 57%;2015 年分别达到 85%、30%、85%、35%、55% 和 70%;2020 年分别达到 90%、45%、90%、38%、70% 和 90%,呈逐年上升趋势。2008 年山东半岛蓝色经济区万元 GDP 废污水排放量、海水入侵面积率分别为 5.55 m³/万元和 2.28%;2015 年分别为 3.16 m³/万元和 2%;2020 年分别为 1.85 m³/万元和 1.7%,呈不断下降趋势。根据山东半岛蓝色经济区水资源保障能力评价指标分级及标准,对以上八项指标进行综合分析研究,得出水资源评定等级,分为不能保障、可能保障、基本保障、保障和有效保障。根据评价结果,山东半岛蓝色经济区水资源的生态环境保障能力 2008 年为基本保障,2015 年为可能保障,2020 年为基本保障。

**（七）环境保障能力**

环境保障能力用信息化程度、管理人员学历结构指数等两项指标来衡量。2008 年山东半岛蓝色经济区信息化程度、管理人员学历结构指数分别为 50% 和 80%；2015 年分别达到 60% 和 90%；2020 年分别达到 70% 和 99.9%，呈逐年上升趋势。根据山东半岛蓝色经济区水资源保障能力评价指标分级及标准，对上述两项指标进行综合分析研究，得出水资源评定等级，分为不能保障、可能保障、基本保障、保障和有效保障。根据评价结果，山东半岛蓝色经济区水资源的环境保障能力2008 年为可能保障，2015 年为基本保障，2020 年为有效保障。

**（八）综合保障能力评价**

按照社会经济保障能力、工程保障能力、生活保障能力、生产保障能力、生态环境保障能力和环境保障能力分别按相应权重进行计算，得出水资源综合保障能力指数及水资源评定等级。山东半岛蓝色经济区水资源综合保障能力呈现上升的趋势，2008 年为可能保障，2015 年为基本保障，2020 年为有效保障。

## 五、山东半岛蓝色经济区水资源面临的主要问题

自 20 世纪 90 年代以来，山东半岛蓝色经济区经济社会进入了一个快速发展时期，经济发展规模和层次不断提升，各项社会事业发展进步也比较快，这与水资源保障程度不断提高所起的基础支撑作用是分不开的。现状年山东半岛蓝色经济区水资源保障能力为可能保障，总体上看，山东半岛蓝色经济区水资源保障程度还是低水平的、不全面的、不平衡的，分析"十五"以来水资源保障的发展态势，大致要再经历10 年时间，水资源保障程度进入较高水平、较为全面、较为均衡的阶段。山东半岛蓝色经济区正处于全面建设小康和社会主义现代化建设的重要机遇期，对水资源需求不断提升，局部性和时段性缺水问题在一定范围内和一定程度上影响了经济社会的发展，山东半岛蓝色经济区水资源面临的主要问题如下。

**（一）水资源保障体系尚不完善**

近年来虽然建设了大批蓄水工程，基本保障了现状经济社会发展

需要,但随着山东半岛蓝色经济区经济社会的发展,工业、港口、能源等大批基础设施上马兴建,对水资源的要求越来越高,现有供水保障体系尚不完善,不能适应今后发展的新要求。主要存在以下问题:一是水资源调控能力仍然比较薄弱,水资源调配工程网络和区域水网还没有建成,关键节点尚未打通,配套工程建设仅处于起步阶段;二是蓄水工程布局不够合理,东营市油田建设的部分水库没有发挥应有的效益,而滨州北部及潍坊北部供水能力不足;三是现有调蓄水库建设标准低,尚有许多水库为未护砌的土坝,调蓄能力低;四是部分区域由于拦蓄水工程较少,引水配套工程建设滞后,引用量较少,地表水利用率也不高。

### (二)水环境总体状况没有根本好转

由于该区域经济发展处于全省领先地位,冶金、造纸、化工、印染等行业所占份额较大,具有高耗水、高污染的特点,极易对水环境造成不利影响:一是地表水污染严重,大量未经处理的废污水直接排入河流和湖泊,多数河道被污染,使有限的水资源更加匮乏,不仅严重威胁着人民群众的身体健康,而且破坏了该地区的生态平衡。二是部分地区地下水开采过度,形成了以城市水源地等为中心的地下水漏斗区,滨州、东营、潍坊及莱州市漏斗区面积达 4 557 km²。昌邑、寿光、广饶、邹平一带已经形成 6~40 m 埋深的连片超采区,莱州、龙口沿海以及平度蓼兰也出现了 6~20 m 埋深的超采区,全区漏斗中心最大埋深超过 40 m,位于寿光、广饶一带。三是海咸水入侵严重。在沿海地区,由于大量超采地下水,造成海水入侵,区域内海咸水入侵面积达 2 000 km²。四是水土流失较严重,治理任务还较严峻。

### (三)管理体系建设亟待加强

目前,区域内水管理体系还存在着许多制约水资源可持续发展的体制性和机制性障碍。涉水事务多头管理,难以形成合力,水资源统一管理的体制尚未理顺;涉水事务社会管理的规划、政策、制度等措施仍需进一步加强;水利工程建设与管理工作还比较薄弱;水利信息化网络建设不够,科技创新能力不强。

### (四)水利建设投入不足的矛盾仍十分突出

水利建设投资稳定增长的保障机制尚未建立,水利投资远不能满足水利建设的需要,市县水利投资更显不足,水利建设面临着很大的投资约束。目前的水利建设投入水平制约着该区域水利现代化建设,不能适应半岛蓝色经济区经济社会快速发展的需要。

## 六、提高山东半岛蓝色经济区水资源保障能力的对策与建议

现状年山东半岛蓝色经济区缺水率为 2.81%,同时还将面临水环境污染、水土流失等十分严峻的形势,水资源问题将成为制约山东半岛蓝色经济区经济社会发展的"瓶颈"因素之一。为了实现山东半岛蓝色经济区经济社会的可持续发展,加快山东半岛城市群建设,全面推进山东经济文化强省建设,增强水资源对经济社会发展的保障能力,在建设水资源保障工程的基础上,还需要采取有效措施科学调配和保护水资源及生态环境,提高供水质量,实现水资源的基本供需平衡。因此,针对山东半岛蓝色经济区的实际情况,提出如下对策与建议。

### (一)开展水污染综合治理,增加水环境容量

随着山东半岛蓝色经济区经济社会的快速发展,城市化进程的加快,城市规模的不断扩大,废水排放量也随之增加,直接排放的现象经常存在,水环境污染现状不容乐观。政府部门要尽快完善废水的收集系统,控制工业点源污染、农业面源污染,加大污水处理设施的建设力度,增加污(废)水的处理设施规模,同时也要督促各排污单位节约资源,尽可能减少废水的排放量,保护水资源,提高水资源的可利用量。一要严格实施达标排放与总量控制相结合的方针。达标的废水总量过多仍然会损害水环境,必须根据流域水环境保护目标,计算各流域一定浓度的废水允许排放数量,将排放指标分配或拍卖给流域内的企业。二要严格实施污水减排与废水集中治污的方针。要建立饮用水水源地保护区制度,强化对水功能区的科学管理,建立水质交接责任制,按要求建设废油、污水和生活垃圾的收集与处理设施。对于跨经济区的水体,应加强与相邻水资源管理部门的合作,共同制定该水域的管理与保护政策和措施。

为保障工业、农业、生态用水水质,以及保护骨干供水河道的水质,

可实施骨干供水河道的"清水通道"工程。严格控制进入调水水源地和骨干供水河道的污水。在沿线主要城镇完善污水管道收集系统,在污水处理达标排放的基础上,封闭沿线的入河排污口,确保供水水质。调整其他河道的功能,明确供水河道和排水河道。在此基础上进行排污口整治,使"清水有路、污水归槽"。此外,还要进行河流生态配水以维护河流的生命健康与流域生态环境系统平衡。

**(二)从加强水资源科学管理、优化配置入手,保证重点地区、重点行业的发展**

一是统筹经济发展与水资源布局。为打造沿海经济优势特色产业带,建议在黄河三角洲高效生态经济区规划建设区域着力打造沿海高效生态产业带,在胶东半岛着力打造沿海高端产业带,以及构建以日照精品钢基地为重点的鲁南临港产业带。所有新建项目用水应该遵循确保重点、统筹全面、兼顾一般的配备原则。淘汰、禁止高耗水、低效益、高污染产业,重点扶持高效、环保产业,发展循环经济。狠抓支柱产业节能降耗,推进生产行业节水技术改造,实现产业升级和传统产业的新型化。二是加强对水资源的统一调度。水资源管理的重点,就是要统一调度地表水与地下水、外来水与本地水、常规水与非传统水等各类水源,实时满足生活、生产、生态用水需求,支持经济社会隆起带的快速发展。三是运用调控手段合理配置各类水源。按照资源节约型、环境友好型社会的要求,除大量核减建设项目不合理用水外,按照优水优用、分质供水的原则,提出针对不同用水水质要求配置不同水源的方案,减少传统水资源的利用量,增加非传统水资源的利用量,推进水资源的可持续利用。四是多措并举,多方开源。丘陵区积极兴建山区集雨工程,因地制宜地修建小塘坝、截潜流、小型引洪淤灌等拦蓄工程和引水工程,减轻沿海地区用水压力。沿海地区积极倡导海水、污水和微咸水等非传统水资源的科学利用,缓解缺水状况和地下水严重超采趋势,鼓励新上项目的海水直接利用。

提高水资源保障程度,还必须进一步完善水法律法规,理顺水资源管理体制,运用法律、行政、经济、技术手段管理水资源。同时,加强对社会公众的广泛宣传教育,提高全民的水资源意识,鼓励全民参与、支持水资源管理。

**（三）大力提倡节约用水，建设节水型社会**

通过节水提高用水效率以减少需水量，从而提高水资源保障能力，这就要利用各种媒体进行节水宣传教育，增强山东半岛蓝色经济区人们对水资源短缺的忧患意识和节约水资源的紧迫意识，建立资源节约型的国民经济体系。在提高公众节水意识和制定有关法规来促进节水的基础上，更进一步节水要靠科学技术和相关设施的投入，推行各种节水技术和措施，发展节水产业，建立节水型社会。

农业节水方面，大力发展渠道防渗、低压管道输水灌溉工程，加快田间工程改造，因地制宜发展喷灌技术，大力发展微灌技术；大力推广农艺节水措施，建立健全管理体制与运行机制，全面提高管理水平，实现农业用水和运行自动化，利用经济杠杠作用，确定合理水价机制，加快水价改革步伐，逐步实现按成本、按方计收农业水费。

工业节水方面，降低管网漏失率，提高水资源利用率，采用先进的节水工艺，提高冷却水重复利用率，采用企业生产工艺进行节水改造，加大企业污水处理力度，争取排水达到零排放；加强对工业节水工作的领导，加强工业节水宏观管理，加快调整产业结构与布局，强化工业节水源头管理，严格用水器具市场准入制度，推动节水技术进步，创建节水型工业示范企业等。

生活节水方面，降低管网漏失率，减少输水过程中的渗漏损失，实施"一户一表、计量出户"改造，对节水产品进行认证，提高节水器具普及率，安装中水管道系统，分质供水，兴建雨水收集系统，用做生活杂用水等；利用各种宣传媒体，加强节水宣传工作，制定和实施合理的水价，实施阶梯式水价，促进供水工程良性循环。

**（四）优化水源结构，充分利用非常规水资源**

提倡开发利用处理后的海（咸）水、污水以及雨水等非常规水资源。采取一系列的工程措施与非工程措施，促使形成常规水资源与海水、再生水、雨水等非常规水资源互补的用水结构。

1. 因地制宜，推进山东半岛蓝色经济区的海（咸）水利用

山东半岛蓝色经济区海岸线漫长，在淡水资源短缺的情况下，充分

利用海(咸)水是缓解水资源紧张、提高水资源保障能力的重要措施。海水利用可分为直接利用和淡化利用两种,目前以海水直接利用为主。因此,在蓝色经济区滨海地带建设统一的大型海水取水工程,可直接以海水代替淡水用做冷却用水,以辅助解决电力、钢铁和化工等大耗水工业的冷却用水;同时海水也可用做生产过程中的溶剂、还原剂以及洗涤、除尘等工艺用水;用海水代替淡水冲厕,约可节省沿海城市生活用水的35%。因此,随着山东半岛蓝色经济区生产力布局以及产业结构和空间结构的调整,直接利用海水对解决山东半岛蓝色经济区的淡水资源短缺具有重要意义。

微咸水是指矿化度在 $2 \sim 5$ g/L 的地下水,在山东半岛蓝色经济区的鲁北平原、潍弥白浪河下游平原区及东部沿海平原区分布有微咸水。微咸水的开发利用,首先用于工业冷却、工艺用水和杂用水;其次用于农业灌溉,以节省淡水。微咸水重点利用范围为烟台海咸水入侵区。

2. 污水回用

城市污水资源化是缓解水资源短缺的有效途径之一,不仅使有限的淡水资源得到合理利用,也减轻了开发新水源的困难,在经济上具有明显的优势。通过研究开发污水资源化技术,增加污水处理厂的数量,提高污水处理能力,同时加大对污水处理、管道工程等基础设施的投入,大幅度提高中水回用率,节水减污,从根本上改善水环境,增加可利用水量。城市污水处理后可用于农业灌溉、稀释污染水体、工业循环冷却水、家庭生活杂用水及对水质要求不高的环境用水等。

3. 充分开发利用雨洪水资源

由于山东半岛蓝色经济区的径流主要集中在汛期,甚至集中于一两次洪水的来水中,因此雨洪水利用难度较大。深度开发雨洪水,可以通过加大拦蓄工程措施,充分利用汛期来水,扩大地表水拦蓄量;因地制宜在河流的下游及滨海地区兴建一批地下水库,将地上水利工程不能拦蓄的河川径流转化为地下水,利用地表、地下拦蓄工程回灌补给地下水。

**(五)建立科学、合理的水资源危机应急管理体系**

受当前技术、经济条件的制约,对于超过标准的洪水、干旱或者偶然的环境事故等必须采取应急措施,必须尽量在最短的时间内控制影响范围,并能快速保障经济社会发展的需要。逐步建立与山东半岛蓝色经济区相适应的水资源危机处理机制,同时对水资源短缺所造成的潜在经济损失进行评估,提高风险抵御能力和增强危机处理及应急能力。

建立水资源危机应急管理体系,可采取工程措施和非工程措施相结合的办法。主要应急工程措施包括:加快建设地下水应急水源工程,实施自来水厂应急供水工程以及应急备用水源工程与应急联合调度措施,南水北调应急供水工程与流域水体修复工程。

非工程措施首先要加强应急管理组织体系的建设。如环境事故可以由技术力量强的环保部门来负责处理,同时鼓励资源救援组织和个人以及各种媒体的参与。其次,需要做好应急预案。如建立重大水污染应急管理制度,制定预案,提高应急处理能力和水平;巩固与完善防洪工程体系,加强区域洪水预警系统建设,抓紧制定防御超标准洪水的预案,及增强防洪安全保障水平的措施。虽然相关部门对洪灾、旱灾、环境事故均有相应的预案,但需要研究更多的预案,需要在实施层面上确定预案的尽可能多细节。其中保障人民群众生命安全是应急管理体系的首要任务。

## (六)加大水利工程建设投入

为保证水利建设投资需求,适应山东半岛蓝色经济区经济社会快速发展,要加强以下几方面的工作:一是进一步强调水利在国家公共财政中的地位,在保持现有财政预算内投资规模的前提下,建立稳定的水利基金渠道,使中央和地方财政性投入保持在一个较高、稳定的水平。各地区要加大水资源费的征收范围和力度,统筹用于水资源管理和水利建设。二是牢牢抓住中央倡导建设社会主义新农村、以工业带动农业、城市支持农村的大好机遇,创新机制,拓宽城市和工业对水利投资的新渠道。三是充分发挥市场机制作用,积极吸纳社会投资,扩大市场融资的规模。

# 第四章　黄河三角洲高效生态经济区水资源可持续利用模式

## 第一节　地理区位及水资源开发利用条件

2009 年 11 月 23 日,国务院以国函[2009]138 号文件批复了《黄河三角洲高效生态经济区发展规划》,表明黄河三角洲高效生态经济区建设提升为国家战略层面。黄河三角洲高效生态经济区地域范围包括山东省的东营市、滨州市,潍坊市的寒亭区、寿光市、昌邑市,德州市的乐陵市、庆云县,淄博市的高青县和烟台市的莱州市,共 19 个县(市、区),陆地面积 2.65 万 km²,占全省的 1/6,如图 4-1 所示。

黄河三角洲高效生态经济区的功能定位是,按照高效、生态、创新的原则,以资源高效利用和改善生态环境为主线,建设全国重要的高效生态经济示范区、全国重要的特色产业基地、全国重要的后备土地资源开发区和环渤海重要的增长区域。规划到 2015 年,基本形成经济社会发展与资源环境承载力相适应的高效生态经济发展新模式;到 2020年,率先建成经济繁荣、环境优美、生活富裕的国家级高效生态经济区。

但是,该地区多年平均降水量为 574.9 mm,小于 600 mm,地表径流深小于 50 mm,区内沿海地区地下水多为咸水、微咸水,能作为工农业生产和居民生活用水的浅层及深层地下水很少。总体而言,当地水资源十分紧缺,土地盐碱化和海水、咸水入侵现象非常严重,生态环境十分脆弱。黄河是三角洲地区最重要的客水资源,滨州、东营两市引黄供水量占总供水量的 90%。然而,由于受到全流域降水变化和上、中游引黄水量不断增加等因素的影响,进入该地区的黄河水量逐年减少,维持黄河的生态健康刻不容缓。

黄河三角州高效生态经济区水资源开发利用条件具有以下特点:

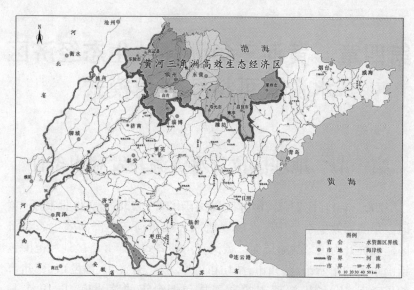

图4-1　黄河三角洲高效生态经济区地理位置图

一是黄河是三角洲地区的生命线,维持黄河生态健康、科学高效利用黄河水是保障区域经济社会可持续发展的关键;二是盐碱地分布广泛,促进盐碱地区域水资源高效利用、改善生态环境是当地水资源管理的重中之重;三是海岸线长,莱州湾地区海水资源利用条件好;四是受地下超采影响,莱州湾地区海水入侵问题严重,生态环境受到了严重威胁,加强地下水管理日趋重要。

# 第二节　水资源可持续利用模式及措施

## 一、水资源可持续利用模式

如何在改善水系生态的同时提高黄河客水及当地水资源的利用效率,把有限的黄河水用好、用活,做到一水多用,高效配置引黄水、灌溉尾水、再生水、当地雨洪水和咸水、微咸水,最大限度地提高水资源的综合利用效率和效益,是建设黄河三角洲高效生态经济区的重要基础。

不仅可以促进灌排体系建设,加快盐碱地的改良,改善农业种植环境,促进高效农业的发展,而且可以扩大工业利用非常规水的范围,以水资源利用方式的转变来调整和引导产业布局与规划,还可以兼顾生态用水,恢复和保护黄河三角洲水系生态、湿地生态乃至整个地区的生态环境。

为此,结合当地水资源特点,提出如下水资源可持续利用模式:以科学发展观为指导,遵循黄河三角洲高效生态经济区发展规划,以建立和完善总量控制与定额管理相结合的用水管理制度为要求,在现有黄河三角洲水系基础上,规划建设滨海骨干生态河道,综合整治区域河道,完善灌区灌排干支渠,增设必要的蓄水设施,把黄河、区域河道和平原水库等水源工程串联起来,构成一个集输水、蓄水、供水、排水、改碱、非常规水利用及自然保护区湿地补水于一体的工程水网和生态水系,用好用活黄河水,充分拦蓄利用地表水,积极开发利用中水和地下咸水、微咸水,科学控制海水入侵,统筹兼顾生活、工业、农业和生态环境用水,做到一水多用、多水联供和循环利用,切实转变水资源利用方式,提高水资源的保障程度、利用效率和利用效益,缓解工农业生产与保护区生态用水的矛盾,保障合理的用水需求,改善生态环境,并以此来调整和引导区域产业布局与规划,实现水资源开发与保护、经济增长与生态保护相统一,促进黄河三角洲地区经济又好又快发展。该模式可简称为黄河三角洲水资源高效生态利用模式。

## 二、主要措施

具体来说,有以下几个方面的措施。

### (一)科学引黄,实施多水源联合调度

在引黄指标限定以及来水来沙不稳定的情况下,要充分发挥引黄闸坝和骨干工程的作用,做到科学引黄,满足农业灌溉和工农业生产生活与油田用水需求。另外,黄河三角洲地区应构建以黄河干流和南水北调胶东输水干线为依托,以各级河渠为纽带,以水库、闸坝为节点,河库串联、水系联网、城乡结合、配套完善的供水保障工程网络。黄河以

南各县(市、区)充分利用引黄济青及胶东输水干线工程,实现地表水、地下水、黄河水、长江水、非常规水等多水源的联合调度;黄河以北地区应利用现有的引黄渠系及河道拦河闸坝体系,与平原水库形成"长藤结瓜"供水工程体系,实现多水源的联合调度。

## (二)结合盐碱地改良科学调整产业结构

建设生态改碱河道,河道外侧结合沿海防潮堤建设,配套建设沿海观光大道和防护林带,构成绿色屏障。滨海地区发展滩涂和浅海养殖、原盐业和旅游业等,水资源利用以海水淡化和海水扩大利用(如海水直流冷却)方式为主。

生态河道内侧,农业方面发展灌排和改碱体系较为完善的高效生态农业,合理利用渔业、林业和畜牧业生产空间;第二产业方面,发展石油化工、精细化工和现代物流产业,推进环境友好型产业集群发展,建设一批特色生态化工园区,推动清洁生产。促进水资源利用方式转变,农业上要充分利用大中型引黄灌区骨干工程,加强灌区配套续建工程和农田水利工程设施建设,采取多种农林牧渔综合改碱措施(如上粮下渔、暗管排水等),促进荒碱地的治理及中低产田改造;工业取用淡水要严格限制,在规划取水论证基础上落实取水许可制度,积极鼓励企业取用中水、咸水和微咸水,实现黄河水、中水、雨洪水、咸水、微咸水的合理配置利用和循环利用,保证生活、工农业和生态用水需求。

## (三)加强水生态建设,实现多水源的循环、串联、梯级利用

黄河三角洲地区的水生态建设要立足区域水资源和引黄实际,在保证黄河主河道不断流、维持一定生态流量的基础上,充分利用引黄尾水、当地径流、汛期雨洪水和城市中水,采取多种工程措施和非工程措施,全面进行城市、农村、盐碱地、海水入侵区的水生态建设,摒弃生态建设即是植树造林绿化的片面认识。

在黄河三角洲的水生态建设中,自然保护区湿地的补水和生态修复又是重点。目前实施的主要是黄河调水调沙期间或汛期向自然保护区的直接补水,要研究提出通过灌区和生态河道向自然保护区湿地补水的方案,并把几个方案结合起来综合应用。

综上所述,黄河三角洲地区要科学引黄,实施多水源联合调度,保护区域生态,建设生态水系;应构建以黄河干流和南水北调胶东输水干线为依托,以各级河渠为纽带,以平原水库、闸坝为节点,河库串联、水系联网、城乡结合、配套完善的供水保障工程网络;加快盐碱地改良和非常规水利用,建设生态改碱河道,河道外侧结合沿海防潮堤建设,配套建设沿海观光大道和防护林带,构成绿色屏障,扩大海水淡化范围和更新海水利用(如海水直流冷却)方式;加强灌区配套续建工程和农田水利工程设施建设,采取综合改碱措施(如上粮下渔、暗管排水等),促进荒碱地的治理及中低产田改造;工业取用淡水要严格限制,积极鼓励企业取用中水、咸水和微咸水,实现黄河水、中水、雨洪水、咸水、微咸水的合理配置和循环梯级利用,保证生活、工农业和生态用水需求,采用多种手段控制海水入侵,实现以水生态建设为核心的多水源的循环、串联、梯级高效利用。

# 第三节　典型研究:黄河三角洲盐碱化地区水资源高效利用与水生态建设

黄河三角洲位于环渤海经济圈和黄河经济带的交接地带,北邻京津冀,与天津滨海新区和辽东半岛隔海相望,是环渤海核心区的重要组成部分,区位优势明显,战略地位突出。

然而,三角洲是黄河百年来大量泥沙淤积造陆形成的海相沉积平原,土地盐碱化现象非常严重,生态环境十分脆弱。黄河是该地区的重要客水资源,如何在改善水系生态的同时提高黄河客水及当地水资源的利用效率,是建设黄河三角洲高效生态经济区需要研究的重大课题。本节以东营市为主要研究区域探讨盐碱化地区水资源高效利用和生态环境保护的对策措施。

## 一、黄河三角洲盐碱地的分布及水资源利用和水生态状况

### (一)黄河三角洲盐碱地的分布及近年来的变化

现代黄河三角洲是指以宁海为顶点、北起徒骇河以东、南至支脉沟

口的扇形区域,总面积 5 450 km²,为黄河尾闾不断摆动形成的,母质为黄河冲积物,底部属海相沉积物。土壤以盐化潮土和滨海盐土为主,土壤含盐量高,因此土地盐碱化现象非常严重。根据含水量矿化度的大小又可分为轻盐碱地(小于 2 g/L)、中盐碱地(2~6 g/L)、重盐碱地(6~10 g/L)及滩涂(大于 10 g/L)。轻盐碱地集中分布在平地和河成高地上,重盐碱地主要分布在平地和滩涂地上,而光板地则主要分布在滩涂和平地上,岗阶地是唯一没有盐碱地分布的土地类型。据统计,全区盐渍化土地面积约 44.29 万 hm²,其中重度盐渍化土壤和盐碱光板地 23.63 万 hm²。黄河三角洲盐碱地分布如图 4-2 所示。

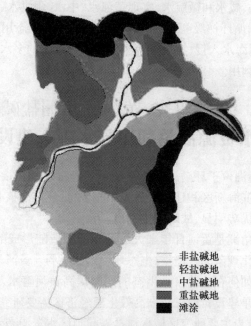

非盐碱地
轻盐碱地
中盐碱地
重盐碱地
滩涂

图 4-2　黄河三角洲盐碱地分布

资料来源:基于 GIS 的黄河三角洲盐碱地改良,地理学报,2001 年。

　　虽然由于长期降雨、引黄灌溉、土地改碱排盐、植草改良、抽取咸水卤水等自然和人类活动的影响,黄河三角洲地区的盐碱地在不断缩小。但是,黄河三角洲重盐碱地的面积却在不断增加,局部地块还有退化的现象,这固然有黄河新淤土地的原因,据统计,每年有5%的黄河新淤地变为盐碱地或盐碱荒地。但是,不合理的淤垦、游牧和灌水等农业耕作措施,不健全的灌排体系,使得盐碱耕地正以惊人的速度返盐退化,成为重盐碱地的又一重要来源。

### (二)水资源状况

东营市年平均降水量为 560 mm(1956~2000 年),是山东省降水量最少的区域。据统计,东营市多年平均地表水资源量为 4. 27 亿 $m^3$,地下水除黄河滩区、老黄河故道及小清河南部为矿化度小于 2 g/L 的浅层地下淡水(资源量 2. 55 亿 $m^3$)外,大部分为咸水和微咸水。东营市当地多年平均水资源量为 6. 16 亿 $m^3$,人均占有当地水资源量为 341 $m^3$,与山东省人均水资源量基本持平,属于当地水资源较为匮乏的地区。受拦蓄能力和水质的影响,东营市当地地表水多年平均可供水量仅为 3 998 万 $m^3$,利用率很低。

东营市年均供水量中,当地地表水仅占总供水量的 13. 49%,跨流域调水占总供水量的 75. 68%,地下水供水量占总供水量的 10. 83%。不难看出,外来客水对当地水资源供给具有决定性意义。

黄河是东营市最重要的客水来源,东营市现有引黄工程 17 处,引黄能力达 514 $m^3$/s;引黄灌区 17 处,设计灌溉面积 21. 75 万 $hm^2$;设计库容 10 万 $m^3$ 以上的平原水库 658 座,一次性总蓄水能力达 8. 31 亿 $m^3$。考虑维持黄河生态基流量 50 $m^3$/s 和其他水沙限制条件,50%、75% 和 95% 保证率的可引水量分别为 91. 90 亿 $m^3$、47. 89 亿 $m^3$ 和 14. 49 亿 $m^3$。但是,按照国家和山东省的分配方案,东营市引黄指标仅为 7. 28 亿 $m^3$。其他客水资源如小清河、支脉河和淄河等,在 50%、75% 和 95% 保证率下可供水量分别为 1. 07 亿 $m^3$、8 031 万 $m^3$ 和 4 086 万 $m^3$。

东营市经济社会需水量包括生活需水、生产需水和生态需水。2009 现状年在 50%、75% 和 95% 保证率下,需水量分别为 9. 72 亿 $m^3$、11. 09 亿 $m^3$ 和 11. 09 亿 $m^3$。

由上面分析,现状年东营市在 50% 保证率下不缺水,但在 75% 和

95%保证率下均出现缺水现象,缺水率分别达到10.1%和15.0%。

东营市当地地表水和非常规水的利用率很低,地下水多为咸水,供水主要依赖黄河水。这种供用水结构和用水方式的不合理,加上大面积土地盐碱化,是造成水资源供需矛盾突出的主要原因。解决水资源供需矛盾的重要途径就是在盐碱地改良的基础上通过水资源的优化配置来提高水资源整体利用效率和效益。

### (三)黄河三角洲盐碱化地区水环境状况

根据黄河三角洲地表水水功能区2009年3月水质检测资料,在水功能区中,没有水质达到Ⅰ类标准和Ⅱ类标准的水功能区,水质达到Ⅲ类标准的水功能区占12.5%,水质符合Ⅳ类标准的水功能区占8.3%,水质符合Ⅴ类标准的水功能区占12.5%,水质为劣Ⅴ类的水功能区占66.7%。

黄河三角洲浅层地下水状况很大程度上受地貌条件的制约和影响。由南到北,由山前倾斜平原到黄泛平原到三角洲平原,地下水埋深由大于10 m逐渐上升到不足1 m,矿化度由小于2 g/L逐渐增大到30 g/L。除南部山前平原地下水埋深大于3.5 m,大约75%的地区潜水埋深小于2 m。即使在地下水矿化度较低的情况下,当地下水埋深较浅时,由于地下水因蒸发进入土壤中的水分较多,也会携带较多的盐分,使土壤积盐。黄河三角洲只有23.6%的地区地下水矿化度小于2 g/L,为非矿化水,主要分布在南部的山前倾斜平原和西部远离大海的区域。

### (四)黄河三角洲盐碱化地区的主要植物类型

黄河三角洲盐碱地植被为天然灌木植被和滨海盐生植被,它们的分布受生境影响明显。河口湿洼地和滨海沼泽地主要为芦苇群落。地势低平、受海潮侵袭的广大滩涂,土壤含盐量较高,主要分布着1年生碱蓬和多年生柽柳等耐盐植物。由滩涂向内地推进,盐生碱蓬逐渐增多,同时在有柽柳种源的地方,逐渐发育成以柽柳为主的灌丛。随着地势的升高,当海拔在3 m以上时,地表含盐量减少,形成有一定抗盐特征的1年生或多年生草甸植被。

总之,黄河三角洲盐碱地分布广泛,新增的滩涂,加上不合理的人类活动又加剧了盐碱化。当地水资源缺乏,盐碱地改良和高效用水是三角洲发展的前提和重要条件。黄河水是三角洲最大的客水水源,也是最主要的供水水源,不仅要供给居民生活和生产用水,还需维持黄河河口水沙平衡,保证黄河河口生态用水和三角洲生态环境用水。黄河引水受自然条件和工程条件的限制,其水资源分配手段属于流域管理的计划调节,存在来水少和需水大的矛盾,需要通过多种工程措施和非工程措施与当地水和非常规水进行统一优化配置,提高水资源的利用效率和效益,以水资源的高效利用来支撑经济社会的可持续发展和生态环境的保护。

## 二、盐碱地水资源高效利用和水生态建设的技术方案

### (一)总体方案

土地盐碱化是制约区域经济发展、水资源利用和优化配置的关键因素,如何治理盐碱化具有举足轻重的意义。当地政府和群众在长期的盐碱地改良过程中,积累了像深沟排碱、种稻改碱、淤灌改碱、暗管排碱、台田沟排碱等多种行之有效的措施,也形成了多种"上农下渔"、"粮牧结合"等高效农业发展方式。如孤东10万亩的深沟排碱与暗管排碱结合的土地开发、河口区义和镇的万亩盐碱地开发、利津汀罗镇毛砣村"上农下渔"改碱工程等,均取得了较好的效益。但是这些地区的改碱工程还存在大水灌溉、占用农田过多、工程量大且不规范、维修困难,以及农业灌溉用水与工业用水、生态用水并没有较好的结合等问题。

为此,提出黄河三角洲盐碱地水资源高效利用与水生态建设总体技术方案:发展基于灌排和改碱体系较为完善的高效生态农业区,通过建设生态河道,配套水利设施,充分利用灌溉退水、雨洪水、中水、地下咸水等,作为工农业用水及自然保护区生态补水水源,缓解黄河三角洲地区工业、农业、生态用水矛盾,引导产业布局,实现水资源的高效利用

和水生态系统健康发展。黄河三角洲盐碱化地区水资源高效利用及水生态建设总体方案见图 4-3。

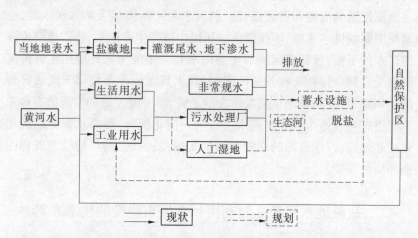

**图 4-3　黄河三角洲盐碱化地区水资源高效利用及水生态建设总体方案**

　　针对黄河三角洲盐碱化地区的地形、水系、自然保护区分布等特点,按照"北区北补、南区南补"的原则分黄河以北地区和黄河以南地区分别制订技术方案。

### (二)黄河以北地区技术方案

　　黄河以北地区,在东营市河口区 30 km 长的东西向滨海生态河道建设的基础上,沿刁口乡、利津盐场以南、自然保护区南界继续向东开挖 65 m 宽、4 m 深的河道,首先延伸至黄河海港,然后继续向东南方向延伸至胜利油田桩西防潮堤以及孤东油田防潮堤,配套建设节制涵闸,串通潮河、马新河、沾利河、草桥沟、挑河、二河、三河、刁口河(现改为叼口河)、神仙沟,形成一条既能接纳蓄存上游雨水和径流,又能排碱除涝和防潮的横贯东西的生态河道。同时,结合滨海生态河道建设,在生态河两岸规划建设 22 m 宽的二级公路以及 150 m 宽的生态防护林,构筑起一道绿色滨海大道和防护屏障,连接滨州的东风港和东营的黄河海港和孤东油田,进而形成东营港与黄骅港、天津港、天津滨海新区对接的新格局。进一步建设完善王庄引黄灌区干支渠,延伸排水系统至每条排河,把自然水系、人工河道、灌排渠道连成一个水网系统。

依托生态改碱河道,河道北侧(外侧)地区可以发展浅海捕捞、养殖和滩涂养殖以及以盐业为主的产业等,水资源利用以海水淡化和海水扩大利用(如海水直流冷却)方式为主。在现行黄河河口流路改变之前,沿刁口河故道河口两侧的湿地和自然保护区的生态用水以黄河淡水、引黄尾水和当地河道径流为水源,优化配置利用;其他预备入海流路(马新河、神仙沟)以及其他河道的生态用水以当地雨水和径流为主。

生态河道南侧(内侧)可以发展以高效生态农业为主、石油化工、精细化工和现代物流为辅的产业,推进环境友好型产业集群发展,建设一批特色生态化工园区,推动清洁生产。实施河道综合治理工程和灌区续建配套与节水改造工程,增强农田灌排设施抗御自然灾害和防洪除涝排碱供水能力。充分利用王庄引黄灌区的干支渠,结合平原水库、几大排水河道和滨海生态河道建设,统筹考虑生活、工业、农业、油田以及生态用水,提高水资源利用效率,加快水生态建设步伐。

工程方面,需要建设生态河延伸工程、河道整治工程、王庄灌区续建改造工程、生态河与9个排水河道的节制闸工程以及沟通自然保护区湿地的引河工程等。其中生态河总长 60 km 左右,可以采用梯形断面,底宽 65 m,边坡 1∶3,设计水深 3.0 m;河道整治工程主要包括疏浚以及拦河闸坝建设;王庄灌区续建改造工程主要包括灌区的骨干输水和排水系统的延伸、排碱沟或台田沟建设以及向骨干排水河道的排水工程等(比如在挑河以西、草桥沟(西干)以东、北至孤河水库地带,需要完善东西向的可以实现引黄灌溉尾水向刁口河故道排放的相关工程);自然保护区湿地的引河工程是指由王庄灌区四干渠,经刁口河、穿越神仙沟向大汶流自然保护区黄河北片区的输水工程。黄河三角洲(黄河北)盐碱化地区水资源高效利用技术方案如图 4-4 所示。

目前,王庄灌区设计灌溉面积 3.93 万 hm$^2$,覆盖利津县大部分,河口区全部及渤海农场,济南军区生产基地和胜利油田河口、孤岛、孤东、

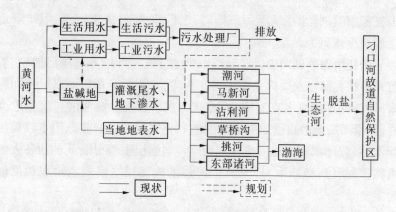

**图 4-4　黄河三角洲(黄河北)盐碱化地区水资源高效利用技术方案**

桩西 4 个采油厂。灌区可利用的水资源主要为黄河水资源和由降雨产生的地表径流,浅层地下水为咸水,含盐量高,不能直接利用。王庄引黄闸原设计引水能力 80 m³/s,现状干渠输水能力达到 100 m³/s。在保证率为 50%时,王庄灌区现状排水河道可拦蓄 882 万 m³ 的当地地表径流,用于农业灌溉。通过马新河、沾利河、草桥沟、挑河等排水河道和新挖生态河、新建拦河闸等工程,可拦蓄利用当地径流、灌区灌溉尾水及地下渗水。按新挖生态河规划断面和长度,生态河可蓄水量为 6 700万 m³,新建河道拦河闸设计总拦蓄库容 1 500 万 m³,合计总蓄水库容可达 8 200 万 m³。调蓄措施为当地径流和灌溉尾水的利用创造了条件,按前述年均当地径流量、灌溉尾水及地下渗水来水量分析,估算年均当地径流量、灌溉尾水及地下渗水可利用量为 22 390 万 m³。

**(三)黄河以南地区技术方案**

黄河以南地区,结合沿海防潮堤建设,近期在防潮堤内侧建设横穿永丰河、三排沟、张镇河、小岛河和咸水沟的自南向北的生态河道及相应节制闸,扩建改造原有的咸水沟泵站,规划建设大汶流自然保护区南侧的咸水沟和明洲水库,利用生态河道充分拦蓄上游的灌溉尾水、雨水和河道径流,通过泵站提水进入咸水沟和明洲水库,利用水库调节,实现向工业规模化供水和向大汶流自然保护区湿地的补水。远期规划建设自永丰河向南延伸穿越溢洪河、广利河,直至支脉沟的生态河道,积极拦蓄雨洪水和灌溉尾水,压碱排碱,发展高效经济区。

以生态河为界,配套建设沿海观光大道和防护林带,构成绿色屏障。东侧滨海可以发展滩涂和浅海养殖、原盐业和旅游业,水资源利用方式以扩大海水利用为主,生活饮用水采用附近大中型引黄水库供给;西侧可以着力发展高效生态农业,合理利用渔业、林业和畜牧业生产空间,适度发展低消耗、可循环、少排放的生态工业。农业上要充分利用双河灌区等大中型引黄灌区骨干工程,加强灌区配套续建工程和农田水利工程设施建设,采取多种农林牧渔综合改碱措施,促进荒碱地的治理及中低产田改造。工业取用淡水要严格限制,在规划取水论证基础上落实取水许可制度,积极鼓励企业取用中水和咸水、微咸水,实现黄河水、中水、雨洪水、咸水、微咸水的合理配置利用和循环利用,保证生活、工业、农业和生态用水需求。

工程方面,需要新建生态河工程、双河引黄灌区续建改造工程、五七干渠东延工程、排水河道整治、节制闸工程、咸水沟和明洲水库以及配套泵站工程等。其中,一期生态河设计结合南高北低的地势,地面高程自永丰河拦河闸处 4.0 m 降至咸水沟的 1.5 m,总长 33 km 左右,河底坡降 1/10 000,河道采用梯形断面,底宽 65 m,边坡 1:3,设计水深 3.0 m。五七干渠向东延伸 6~7 km,可以实现从黄河五七拦沙闸直接引水输送至咸水沟和明洲水库,引水流量 13.0 m³/s。双河灌区续建改造工程主要包括灌区的骨干输水和排水系统的延伸、排碱沟或台田沟建设以及向骨干排水河道的排水工程等。生态河与永丰河、三排沟、张镇河、小岛河和咸水沟的交界处新建节制闸 5 座,设计拦蓄库容 1 200 万 m³。明洲水库规划建于黄河口自然保护区西南侧,东、北与黄河南大堤相邻,西接黄河农场老防潮堤,南邻咸水沟,设计总库容 915 万 m³,兴利库容 810 万 m³,死库容 105 万 m³。库底高程 0.60 m,死水位 1.2 m,设计蓄水位 5.1 m,水深 4.5 m。新建入库泵站 1 座,设计流量 5.0 m³/s。

目前,双河灌区控制面积 3.6 万 hm²,引水能力 100 m³/s,干渠输水能力可以达到 30 m³/s。上述生态河和水库等主要工程完成后,生态河可蓄水量为 3 860 万 m³,新建河道拦河闸设计总拦蓄库容 1 200 万 m³,明洲水库兴利库容 810 万 m³,合计总蓄水库容可达 5 870 万 m³。调蓄工程措施的建设为当地径流、灌溉尾水及地下渗水的利用创造了条件,按前述年均当地径流量、灌溉尾水及地下渗水来水量分析,估算年均当地径流量、灌溉尾水及地下渗水可利用量为 14 550 万 m³。

　　远期生态河工程主要用于划分养殖和农业界限,充分利用雨洪水,一则防止海水漫溢入侵,二则排碱防涝,还可打造便捷通道改善交通,构筑绿色屏障。依托这条生态排碱河,内可以发展生态高效农业,外可以发展滩涂养殖和以盐为主的产业以及浅海捕捞、养殖等。

　　黄河三角洲(黄河南)盐碱化地区水资源高效利用技术方案如图 4-5 所示。

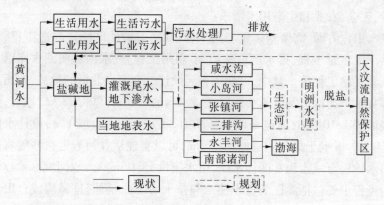

图 4-5　黄河三角洲(黄河南)盐碱化地区水资源高效利用技术方案

　　按前述分析,垦利生态河可利用当地径流、灌溉尾水及地下渗水向保护区湿地补水水量为 14 550 万 m³,河口区生态河可利用当地径流、灌溉尾水及地下渗水向保护区湿地补水水量为 22 390 万 m³,合计可利用当地径流、灌溉尾水及地下渗水向保护区湿地补水总量为 36 940 万 m³,可满足黄河三角洲湿地生态补水量 3.5 亿 m³ 的要求。

　　黄河三角洲水资源高效利用与水生态建设工程布局示意图如图 4-6 所示。

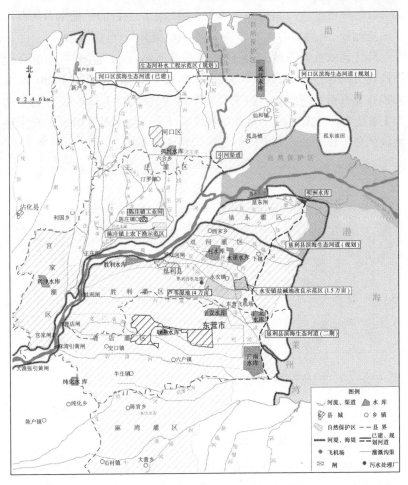

图4-6　黄河三角洲水资源高效利用与水生态建设工程布局示意图

# 三、水资源高效利用与水生态建设示范

## (一)利津县陈庄镇水资源循环利用试验区

### 1.试验区概况

试验区位于黄河北岸的利津县陈庄镇,包括0.5万亩的盐碱地农业开发区和占地 3 万亩的陈庄镇工业园区。试验目的是把引黄灌溉尾水收集起来,与当地的咸水和微咸水一起,处理后向工业供水。

陈庄镇农业开发区,西起陈庄镇的辛河路,东至治四村,南起环渤海高速公路连接线,北到治河公路,东西长 1 950 m,南北宽 1 750 m,总面积 0.5 万亩,涉及治二、治三等五个村,农业人口 3 338 人,农村劳动力 1 400 人。开发区内主要种植棉花和大豆,农业灌溉用水来自王庄灌区的分干渠。陈庄镇农业开发区示意图见 4-7。

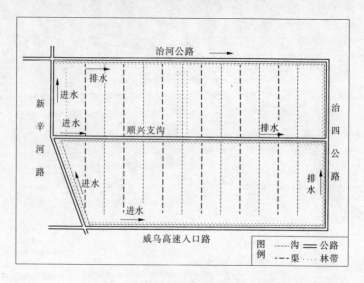

**图 4-7　陈庄镇农业开发区示意图**

陈庄镇工业园位于陈庄镇政府驻地以东,西起老辛河路,东至付窝六干,南起永馆路东延段,北至荣乌高速,规划总用地 2 000 hm²。现已完成四纵五横道路框架 24.2 km,铺设排水管道 15 000 m,按照雨污分排的设计铺设排污管道 3 000 m,安装路灯 380 盏,完成投资 1.9 亿元,基本实现了水、电、路等"七通一平"。已入驻工业、物流项目 27 个,初步形成了石油化工、精细化工、现代物流三大产业集群。目前,工业园用水由附近的自来水管网供水,日用水 1 万 m³/d。陈庄镇工业园位置示意图见 4-8。

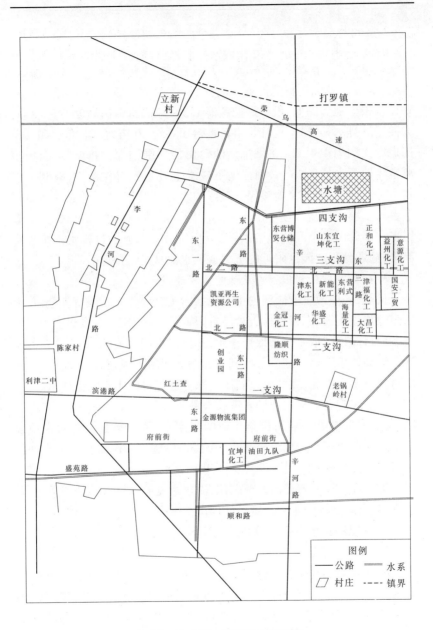

**图 4-8　陈庄镇工业园位置示意图**

2. "上农下渔"式盐碱地改良与灌溉尾水的收集

根据农业开发区灌排实际情况和农业发展规划,本区选择挖坑筑台洗盐淋碱的"上农下渔"式改碱开发模式,规划台田主要种植棉花、大豆,部分发展优势特色产业,如种植枸杞、甘草、牧草等,鱼池养殖鱼虾蟹。根据地势高低,设计深挖鱼池 1.5 ~ 2 m,筑台田高度 1.5 ~ 2 m,为便于灌排水和管理,设计每组鱼池台田系统 10 亩,台田、鱼池和其他用地的比例为 4:4:2。在每排鱼池台田的周围挖深沟排碱,使台田距离常年地下水位 2 ~ 3 m,确保地下咸水上升不到耕作层上,有利于作物生长,下挖的鱼池又能够保持较好的水温,有利于水产养殖。灌溉水把台田土壤中的盐分逐步排入鱼池,用于养殖微咸水的鱼虾蟹等,灌溉尾水一部分用来中和鱼池中的淋滤盐水,另一部分通过排水系统收集起来,输送到工业园区附近的坑塘或贮水池,以备再利用。

3. 水资源循环利用模式及试验工程建设

目前,陈庄镇工业园区内主要包括山东宜坤化工有限责任公司、山东金源物流集团、东营市博大食品有限责任公司等 27 个以化工为主的重点项目。现状取水全部取用淡水,不仅造成用水浪费,也不符合黄河三角洲高效生态经济区的节约利用和循环利用的规划。而像循环冷却水对水质要求不高,完全可以利用一部分处理过的中水和微咸水。

本次试验考虑从农业开发区收集的灌溉尾水(实际上混合了部分咸水)经过脱盐处理后再供给工业园区用水,可以满足部分对水质要求不高的企业用水。随着未来工业园区规模扩大,还需建设污水处理厂,利用一部分中水,具体流程见图 4-9。

为实现上述水资源的循环利用,需要建设灌溉尾水预处理系统、管道收集工程、蓄水池工程及脱盐处理设施等。

**(二)垦利县水资源高效利用试验区**

1. 试验区概况

试验区位于垦利县双河灌区永丰河下游,兴隆办事处(原永安镇)境内。包括 4 万亩芦苇湿地和 1.5 万亩农业改碱区。其中,芦苇湿地区块,西起兴隆街道办与永安镇的边界,东至十一村和东营飞机场一线,北起永丰河以南,南至东营市北外环,面积约 4 万亩,目前主要接纳

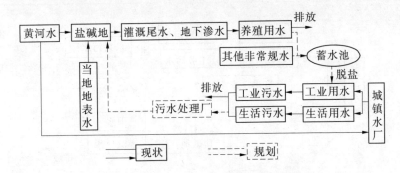

**图 4-9　陈庄镇水资源循环利用模式流程**

上游灌溉尾水和永丰河部分汛期径流补给。农业改碱区的范围,北起双河灌区的下镇分干,南至永丰河,西起双河主干段,东至三排沟所包围的地块,面积约 1.5 万亩。目前,该地块只建设了简单的沟渠排碱工程,灌溉用水主要依靠双河灌区的干渠和分干渠,以及南北河道的灌溉尾水和汛期径流。

　2. 水资源高效利用模式

　　由于试验区上游建有一座东兴污水处理厂,主要处理溢洪河、永丰河接纳的垦利县城区生活污水和工业污水,处理能力 1 万 t/d。

　　鉴于天然芦苇湿地具有净化水质的功效,因此本试验区考虑将污水处理厂达标排放的污水先引入芦苇湿地作进一步的净化处理,然后将处理后的中水用于洗碱和灌溉,实现水的循环利用。未来东兴污水处理厂规模扩大至 3 万 m³/d,将收集更多的城市污水,可以规划建设污水深度处理厂,利用一部分污水处理回用水,从而实现引黄灌尾水、中水、雨洪水的综合、循环利用,具体利用模式见图 4-10。

　　上述试验区建设需要配套建设污水输送管道、灌溉尾水渠道、芦苇湿地田间处理工程、再生水处理利用工程等。

　　**(三) 生态河补水工程试验区**

　　为进一步论证利用生态河建设将灌溉尾水、雨水等非常规水蓄存、脱盐作为自然保护区湿地补水水源的可行性,在小范围内进行生态河补水工程试验。综合考虑区域地形、水系、补水等多个要素,本次选择黄河以北规划生态河挑河至刁口河黄河故道段进行试验。

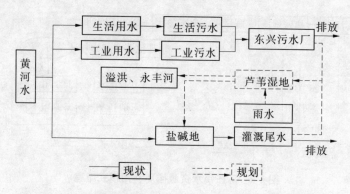

图 4-10　垦利县试验区水资源高效利用模式

该试验段设计开挖建设生态河道 12 km,生态河规划采用梯形断面,底宽 65 m,边坡 1∶3,设计水深 3 m。该生态河将挑河、二河、三河、黄河故道相连,组成联网水系,在故道西侧建设拦河闸。试验的目的在于利用生态河道收集区内灌溉尾水、雨水和河道径流,输送并蓄存在刁口河黄河故道,然后向保护区湿地补水,为今后开展大区示范提供技术支持和实践经验。

**(四)自然保护区湿地补水方案**

在黄河三角洲的水生态建设中,自然保护区湿地的补水和生态修复又是重中之重。黄河三角洲国家自然保护区包括大汶流自然保护区和刁口河故道的黄河口站自然保护区。其中,大汶流自然保护区位于现行黄河入海口两侧,面积 10.45 万 hm²,刁口河故道的黄河口站自然保护区位于 1976 年前黄河故道东侧,面积 4.85 万 hm²。两个保护区总面积 15.3 万 hm²,其中核心区 7.9 万 hm²,缓冲区 1.1 万 hm²,试验区 6.3 万 hm²。保护区内土壤类型多为隐性潮土和盐土,其中潮土分布面积占 40%,土壤 pH 值 7.5 ~ 7.8,地下水埋深小于 2 m,矿化度 10 ~ 20 g/L,如果没有适量的淡水补充,河口湿地极易发生退化。在大汶流自然保护区,近年来由于调水调沙,黄河下游河道下切,加上出于稳定入海流路的需要,加固或新建两岸堤防以及众多顺河路、漫水路等工程设施,在一定程度上阻断了黄河水自然漫流补水的路径,保护区核心区范围的 20 万亩湿地出现退化现象明显。在刁口河故道自然保护区,由于黄河自 1976 年改道以来,刁口河长期无水,加上 1997 年风暴潮的破坏,使得湿地退化尤为严重。

黄委相关部门于 2008 年 12 月编制完成了《黄河河口综合治理规划》,提出湿地生态补水量为 3.5 亿 $m^3$,其中保护区南部清水沟流路附近淡水湿地补水量为 2.95 亿 $m^3$,保护区北部刁口河淡水湿地补水量为 0.54 亿 $m^3$。保护区南部生态补水量除在汛期或调水调沙期间洪水漫滩部分自然补给外,还需采取人工补水措施。目前,已经实施的主要是黄河调水调沙期间或汛期向自然保护区的直接补水,本次提出通过灌区和生态河道向自然保护区湿地补水的方案,并把几个方案结合起来综合利用。

1. 通过黄河直接补水的方案

对于大汶流自然保护区,由于保护区地面高程在 1.4～4.0 m,据相关部门的测算,只有利津站水位超过 10.46 m 时,相应河段的黄河水才可自流进入保护区。因此,黄河自流进入保护区只有在调水调沙和汛期高水位期间才能实现。据统计,2002 年以来多次调水调沙过程历时 13～21 d,平均半个月左右,该时段利津站平均流量为 2 500 $m^3/s$,河道平均水位为 12.0 m,对应保护区区段的黄河水位为 2.6～5.7 m,均可满足保护区自流补水,调水调沙期间平均补水量为 2 000 万 $m^3$。

对于刁口河故道自然保护区,一直没有湿地补水。黄委组织有关地方部门通过恢复部分萎缩河道,于 2010 年 6 月 24 日首次通过崔家控导节制闸和罗家屋子引水闸向刁口河故道引水试验,计划向刁口河故道引水 6 000 万 $m^3$。据相关部门测记,截至 2010 年 8 月 5 日,实现向故道和湿地补水 3 500 万 $m^3$。

2. 通过灌区和生态河的补水方案

对于大汶流自然保护区,黄河南片区可以通过双河灌区实现补水。双河灌区位于清水沟流路南侧、大汶流自然保护区西侧的垦利县境内。灌区设计灌溉面积 3.6 万 $hm^2$,引水能力 100 $m^3/s$,干渠输水能力达到 30 $m^3/s$。在灌溉期,利用生态河道可以收集灌溉尾水 2 500 万 $m^3$ 输送到自然保护区,保证 12 万亩湿地的用水;在非汛期非灌溉季节,5 月中下旬至 6 月中旬、9 月和 11 月,通过引黄闸,把黄河水引至灌区,通过干支渠以及台田沟等灌排系统串联汇集后,再集中输送至生态河和咸水沟,利用明洲水库调蓄,实现向自然保护区湿地补水 2.3 亿 $m^3$,完全可以满足湿地用水要求。对于大汶流的黄河北片区,可以通过王庄灌区的干渠先引水至刁口河故道蓄存,然后通过引河输送至保护区。

对于刁口河故道自然保护区,可以通过王庄灌区,经生态河和刁口河故道实现湿地补水。王庄灌区位于黄河清水沟流路北侧,设计灌溉面积 3.93 万 $hm^2$,王庄引黄闸原设计引水能力 80 $m^3/s$,现状干渠输水能力达到 100 $m^3/s$。在挑河以西、草桥沟(西干)以东、北至孤河水库的地区,进一步完善台田沟等灌排系统,灌溉期可以把灌溉尾水收集至河王渠,排到刁口河,再提水进行湿地补水,据估算,可以提供生态用水 1 500 万 $m^3$。非灌溉期,利用灌区干支渠和台田沟,多次输水至 52 km 长的刁口河河道内蓄存,可以满足刁口河故道湿地需水 5 400 万 $m^3$ 的要求。

3. 自然补水与人工补水方案的结合

目前,保护区南部生态补水只能在汛期或调水调沙期间洪水漫滩自然补给,保护区北部刁口河故道补水正在试验,且二者相加起来的总补水量仅仅 5 000 万 $m^3$,远远达不到湿地需水的要求。为此,本次提出自然补水和人工补水结合的方案。即汛期和黄河调水调沙期间,在保证防洪安全的条件下,尽可能利用自流方式向自然保护区引水,但是不排除利用工程措施向湿地补水。非汛期,黄河北部的刁口河故道保护区,除通过罗家屋子引黄闸(30 $m^3/s$)引水外,还可以通过王河灌区的王庄引黄闸,利用灌区干渠(30 $m^3/s$)向刁口河故道引水。大汶流自然保护区黄河北片区可以通过王庄灌区的四干引水至刁口河故道,再向东南开挖引河穿越神仙沟输水至保护区,大汶流自然保护区的黄河南片区除自流引水外,可以通过五七干渠、生态河道和明洲水库的调蓄向大汶流引水,也可以顺着现行黄河河口大堤,新建引水闸来实现补水。上述方案可以满足自然保护区湿地需水 3.5 亿 $m^3$ 的要求。

## 四、结论及建议

### (一)结论

(1)黄河三角洲位于环渤海经济圈和黄河经济带的交接地带,北邻京津冀,与天津滨海新区和辽东半岛隔海相望,是环渤海核心区的重要组成部分,区位优势明显,战略地位突出。2009年国务院批准《黄河三角洲高效生态经济区发展规划》,黄河三角洲高效生态经济区正式上升为国家发展战略。

(2)黄河三角洲盐碱地分布广泛,新增的滩涂,加上不合理的人类活动又加剧了盐碱化。当地水资源缺乏,改碱和用水是三角洲地区发展的前提与重要条件。黄河水是三角洲最大的客水水源,也是最主要的供水水源,不仅要供给居民生活用水和生产用水,还需维持黄河河口水沙平衡,保证河口生态用水和三角洲生态环境用水。黄河引水存在自然条件和工程条件的限制,其水资源分配手段属于流域管理的计划调节,存在来水少和需水大的矛盾,需要通过多种工程措施和非工程措施与当地水及非常规水一起进行优化配置,提高水资源的利用效率和效益。

(3)黄河三角洲盐碱化地区水资源高效利用及水生态建设应遵循黄河三角洲高效生态经济区发展规划,以建立和完善总量控制与定额管理相结合的用水管理制度为要求,在现有黄河三角洲水系基础上,规划建设滨海骨干生态河道,综合整治区域排水河道,完善灌区灌排干支渠,增设必要的蓄水设施,把黄河、区域河道和平原水库等水源工程串联起来,构成一个集输水、蓄水、灌溉、供水、排水、改碱、咸水微咸水利用及自然保护区湿地补水于一体的工程水网和生态水系,用好用活黄河水,充分拦蓄利用地表水,积极开发利用中水和地下咸水、微咸水,统筹兼顾生活用水、工业用水、农业用水和生态用水,做到一水多用、多水联供和循环利用,切实转变水资源利用方式,提高水资源的保障程度、利用效率和利用效益。

(4)针对黄河以北地区,在东营市河口区30 km长的东西向滨海生态河道建设的基础上,沿刁口乡、利津盐场以南、自然保护区南界继续向东开挖 65 m 宽、4 m 深的河道,首先延伸至黄河海港,然后继续向东南方向延伸至胜利油田桩西防潮堤以及孤东油田防潮堤,配套建设节制涵闸,串通潮河、马新河、沾利河、草桥沟、挑河、二河、三河、刁口河、神仙沟,形成一条既能接纳蓄存上游雨水和径流,又能排碱除涝和防潮的横贯东西的生态河道。工程方面,该方案需要建设生态河延伸工程、河道整治工程、王庄灌区续建改造工程、生态河与 9 个排水河道的节制闸工程以及沟通自然保护区湿地的引河工程等。

(5)针对黄河以南地区,结合沿海防潮堤建设,近期在防潮堤内侧建设横穿永丰河、三排沟、张镇河、小岛河和咸水沟的自南向北的生态河道及相应节制闸,扩建改造原有的咸水沟泵站,利用水库调节,实现向工业规模化供水和向大汶流自然保护区湿地的补水。远期建设自永丰河向南延伸穿越溢洪河、广利河,直至支脉沟的生态河道,积极拦蓄雨洪水和灌溉尾水,压碱排碱,发展高效经济区。工程建设方面,需要新建生态河工程、双河引黄灌区续建改造工程、五七干渠东延工程、排水河道整治、节制闸工程、咸水沟和明洲水库以及配套泵站工程等。

(6)示范工程建设方面,利津县陈庄镇通过蓄水池及输水渠道建设形成了灌溉退水、渗水、中水、工业用水等多个要素的循环利用,在改善生态环境的同时大大提高了用水效率;垦利县通过建设芦苇湿地实现了中水、雨水以及灌溉尾水等的综合处理与利用;生态河补水示范工程建设进一步论证了多水源补给自然保护区的工程可行性。对于自然保护区湿地补水,提出了三种可行方案:通过黄河直接补水的方案、通过灌区和生态河的补水方案、自然补水与人工补水相结合的补水方案。

## (二)建议

由于黄河三角洲盐碱化地区水资源和水生态条件的复杂性,涉及水资源利用和水生态保护过程及环节中的许多技术难题,加之该方案和建议的思路与传统的水利规划有较大区别和创新,试验过程中也需要随时解决相关技术问题,以便给总体方案具体实施提供科学依据和技术支撑。相关技术研究课题设计如下:

（1）盐碱地引黄压碱适宜性灌溉定额试验研究。

（2）芦苇湿地纳污能力与生态修复试验研究。

（3）盐碱地水利工程改良模式及关键技术研究（暗管排碱、竖井排碱、深沟排碱等）。

（4）盐碱地灌溉尾水与淋滤析出混合水体的水量及水质稳定性研究。

（5）咸水、微咸水脱盐工艺与工业利用技术研究。

（6）保护区湿地季节需水量及补水方式和途径研究。

# 第五章　济南省会都市圈水资源可持续利用模式

## 第一节　地理区位及水资源开发利用条件

济南省会都市圈主要包括济南、淄博、泰安、聊城、德州、莱芜及滨州部分接近济南的地区。省会都市圈主要是依托中心城市和重要交通干线,构建完善以济南城区为中心,以70 km为半径周边区域为节点的紧密圈层,以150 km为半径、六市为节点的协作圈层。"十二五"期间,省会都市圈以加快省会建设发展为龙头,带动周边地区一体化发展。强化济南核心地位,加快城市扩容,改善城市面貌,提升城市功能,增强辐射带动作用,做大做强省会经济、总部经济和服务经济,培育和发挥教育科研、金融服务、高新技术、商贸物流、文化旅游等综合优势。发挥区域高速公路、铁路和规划建设的城际轨道通达便捷的优势,加强周边中心城市分工协助和优势互补,实现各类资源高效优化配置,建成发展活力充足、产业素质较高、服务功能强大、生态环境优美、社会文明和谐的经济圈。

本章主要考虑鲁中地区的济南、淄博、泰安、莱芜等4市,是济南省会都市圈的重要组成部分,如图5-1所示。

鲁中地区总面积52 794 km$^2$,2008年年底人口3 174万人、GDP 11 193.7亿元,分别占都市圈总面积的45.9%、人口的56.8%和GDP的64.1%。该地区以岩溶山区为主,地形地貌复杂,分布有泰山、鲁山等中低山,山地之间发育有泰莱盆地、肥城盆地等,各盆地内隐伏地层裂隙、岩溶发育,富水性强,地下水资源丰富,是本区城镇和工农业生产

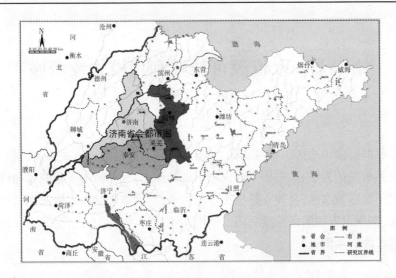

**图 5-1　济南省会都市圈鲁中地区地理位置图**

的重要供水水源。由于岩溶水系统易损性较高,一旦遭到破坏往往很难恢复,故地下水可持续开发利用应以充分注重环境导向性为内涵,即地下水资源的开发利用应与生态环境相协调,保持水环境系统功能的良性循环,以水资源的可持续利用支撑社会的可持续发展。因此,岩溶地下水的利用和保护成为本区域水资源可持续利用的关键。鲁中地区可利用的水资源还包括地表水、引黄引江客水以及非常规水。

　　鲁中地区水资源开发利用具有如下特点:①省会济南是全省政治文化中心,也是水资源开发利用技术和管理研究的中心,具有诸多优势条件,对全省也具有示范带动作用;②岩溶地下水较为丰富,并形成了独特的水生态系统,地下水保护要求较高;③受地形条件影响,城市防洪压力大,实现城市洪水资源化利用、保障城市安全具有重要意义;④南水北调东线、胶东调水工程等输水大动脉在区域内交汇,构成了多水源联合调度的格局;⑤城市污废水资源丰富,回收利用不足,对水环境构成了较大的危害,提高污水处理回用率、改善生态环境势在必行。

# 第二节　水资源可持续利用模式及措施

## 一、水资源可持续利用模式

根据鲁中地区水资源实际,提出水资源可持续利用模式为:以岩溶地下水保护为中心,根据不同供水水源和用水户的特点,优化配置和科学调度多种水源,合理安排生态环境用水,加大节水和污水资源化的力度,实现水资源的可持续利用。该模式可简称为保泉(地下水保护)和多水源供水模式。

## 二、主要措施

### (一)统一进行水资源优化配置

生活用水以岩溶地下水为主,以地表水、客水为辅;农业用水以地表水为主,以地下水及中水为辅,同时科学利用大气降水;工业用水以非常规水、客水、地表水为主,积极扩大矿井水利用。

### (二)开发与保护并举

充分利用计算机信息管理功能,结合"3S"技术,建立鲁中岩溶山区地下水环境监测与保护信息系统,逐步实现水文地质环境监测的自动化、动态化和网络化,以期达到水资源开发与泉水、地下水保护并举。

### (三)涵养水源,增源限采

可通过水土保持、拦、蓄、渗、补增源等方式,结合岩溶地区裂隙岩溶发育,水系统导水性、连通性强,地下水贮存空间巨大等地质特点增加地下水的存蓄量,同时,采取措施,适当限制区域地下水的开采。

总之,鲁中地区水资源可持续利用模式如图5-2所示。

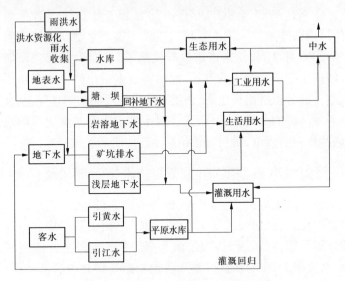

图 5-2　鲁中地区水资源可持续利用模式

# 第三节　典型研究：
# 济南市城市生态防洪建设研究

随着城市化进程的加快,洪涝灾害对城市的威胁日趋严峻。国内外城市暴雨洪灾事件频繁发生,使得城市水灾成为全世界关注的焦点问题之一。面对日益严重的洪水灾害,尽管人们对防洪减灾投入不断增大,但根治洪水灾害却难以实现。过去人们以防洪为单一目标的治水思路虽然对防治洪水起到一定效果,但也给生态环境带来长期的不利影响。在强调自然 – 社会 – 经济可持续发展、人与自然和谐相处的今天,人们对水环境也提出了更高的要求。因此,转变治水理念,将过去单一的修建防洪工程来达到防灾减灾目标,转变为以保护水环境的多目标综合治理,从生态角度落实城市防洪建设显得尤为迫切和重要。

济南市是山东省的省会城市,也是受洪涝灾害威胁最严重的城市之一。1949～2007 年的 59 年中,济南发生洪涝灾害 28 次,平均每两年一次。特别是 1987 年 8 月 26 日和 2007 年 7 月 18 日两次暴雨洪涝灾害,给济南市造成巨大损失。城市洪涝灾害严重威胁着济南市的城市安全。2005 年 8 月,济南市市政府批复了《济南生态市建设规划》,标志着济南生态市建设正式开始,同时对济南城市防洪也提出了新的要求。本节在分析济南市生态、防洪现状及主要问题的基础上,从生态保护和环境治理的全局考虑,研究济南市城市生态防洪建设的总体目标、思路和相应的措施,最后讨论研究生态防洪的关键技术。

## 一、济南城市典型洪灾、生态与防洪排涝现状及存在问题

济南市区南依群山,北邻黄河,地势南高北低,从南到北由中低山过渡到低山丘陵,北部市区及东西郊区处于泰山山脉与华北平原交接的山前倾斜平原,形成了东西长、南北窄的狭长地段。就济南城区而言,南北高差极大,中心城区低洼。济南市地处华北中纬度地带,属暖温带半湿润大陆性季风气候区。季节降水极不均匀,年内降水高度集中在汛期,汛期 6~9 月降雨量占全年降水总量的 70%~80%。汛期中降水也高度集中,常集中在几场大暴雨中。对于每场暴雨而言,其时空变化剧烈。时程上,暴雨强度大,历时短,高强度暴雨常集中在几个小时内。降雨形成的洪水,由南向北宣泄,造成了城区的洪涝灾害。

### (一)济南市历史典型洪灾

新中国成立后,济南发生过 3 次典型的暴雨洪涝灾害,给济南市造成了严重的损失。现在分别介绍如下。

1.1962 年 7 月 13 日洪涝灾害

1962 年 7 月 13 日,济南遭受特大暴雨袭击,6 h 市区平均降雨量298.4 mm,暴雨中心位于市区西郊一带,最大点雨量 321 mm,黄台桥以上平均降雨量 210 mm。

市区南部山洪暴发,北部一片汪洋,小清河五柳闸最高水位 26.15 m(青岛高程),护城河、工商河、小清河全部漫溢,低洼地带一片汪洋。槐荫区营市街、道德街、天桥区北坦、工人新村、北园、历下区的山水沟、东关仁智街一带受灾最重,洪水淹没 1~2.5 m。因为水情变化急剧,许多防洪建筑物失去控制。

全市有76家工厂被迫停产,1.1万余间房屋倒塌,伤亡285人。市区一度停水、停电,通信中断。受灾面积达38万亩,其中山洪成灾11.3万亩,绝产13.7万亩,减产粮食2500万kg,损失蔬菜0.65亿kg。

2. 1987年8月26日洪涝灾害

1987年8月26日12时至27日3时,济南市自西向东出现了一次高强度的降雨过程,平阴、长清、章丘3县降暴雨到大暴雨,市区降特大暴雨。全市平均降雨量124 mm,其中市区平均降雨量317.5 mm,暴雨中心位于历下区解放桥,中心降雨量340 mm。

小清河黄台桥水文站以上流域内平均降雨量230 mm,产生洪水总量5000万 m³,扣除山区水库、大明湖蓄存,腊山分洪及地面渗漏蒸发的水量约1600万 m³外,8月26日12时至9月3日10时共下泄洪水3400万 m³。由于暴雨成洪,市区主要排水河道小清河水位上涨,高达26.7 m(青岛高程),超过警戒水位2.6 m,洪峰流量123 m³/s。由于小清河排泄能力低,洪水宣泄不及,漫溢成灾,致使历下、市中、天桥、槐荫、历城等5个区有18个街道办事处,5个区属镇低洼地带积水,最大积水面积72 km²,总积水量6600万 m³。

据统计,此次暴雨灾害共造成642人死伤,其中死亡47人。暴雨期间全市有805个工厂企业、72座大中型商业仓库和一大批零售商店积水,其中618个企业被迫停产,直接经济损失3.7亿元。市中行洪河道14条33处河岸被冲毁,长1014 m,约3072 m²,另有9处河堤冲毁,人民生命财产受到严重损失。

3. 2007年7月18日洪涝灾害

2007年7月18日17时至19日2时,济南市自北向南发生了一次强降雨过程,多数地区普降暴雨。暴雨过程覆盖了济南市的各个县(市)区,暴雨中心在市区,全市平均降雨量82.3 mm,最大降雨点位于市政府,降雨量高达182.7 mm。

市区唯一的排水出路小清河,黄台水文站水位从18日17时30分开始上涨,至18日22时,达到最大洪峰水位23.58 m,超警戒水位1.04 m,5 h涨幅达4.06 m,平均上涨约80 cm/h,实测流量202 m³/s,比1987年"8·26"特大暴雨洪灾时流量多79 m³/s。整个降水期间南部山区及主城区降水总量约 6 000 万 m³。与水位上涨快形成对比的是水位回落慢,水位自 18 日 22 时 22 分开始回落,至 19 日 7 时 15 分回落至 22.91 m,平均回落 7 cm/h。洪水过程中小清河堤防、控水建筑物等防洪工程基本完好,市区个别河段岸墙损坏。

由于降水过于集中,济南市市区北部部分河道洪水满溢,在马路上形成湍急的河流。因为济南市地势南高北低,强降雨形成的径流迅速从南部山区汇入市区,导致马路行洪现象严重。在地势较陡的地段,水流的速度甚至超过 3 m/s,许多道路上的积水均达到了 0.5 m。

此次暴雨洪灾共造成 37 人死亡,171 人受伤,5 718 户住房受淹,受灾群众 33.3 万人,全市直接经济损失 12.3 亿元。

### (二)济南市生态与防洪现状

#### 1. 水库现状

济南市的防洪水库主要指济南市南部的 1 座大型水库、5 座中型水库、78 座小型水库和 332 座塘坝。

##### 1)大中型水库

唯一的大型水库为卧虎山水库,位于历城区仲宫镇玉符河上游,大坝以上汇锦绣、锦阳、锦云三川之水,控制流域面积 827.3 km²。该水库于 1958 年 9 月开工修建,1976 年 4 月竣工,是一座以城市防洪和城市供水为主,兼有灌溉、泉水补源等综合利用的大(2)型水库。设计防洪标准为 100 年一遇,校核防洪标准为 5 000 年一遇。水库总库容 10 430 万 m³,相应水位 135.85 m;兴利库容 5 860 万 m³,相应水位 130.5 m;死库容 400 万 m³,相应水位 112.7 m。大坝为黏土心墙土石混合坝,由大坝、溢洪道和放水洞三部分组成。水库最初按中型水库建成,某些部位未能达到设计要求,大坝齿槽有一冲沟裂缝,未清理干净;运行过程中,坝顶曾出现横向及纵向裂缝,后对裂缝进行了开槽回填和灌浆加固。此外,还存在水库溢洪道下游河道与溢洪最大泄量不适应的问题。

中型水库有 5 座,分别为锦绣川、狼猫山、石店、崮头和钓鱼台水库,汇水流域总面积约 970 km²,总库容 9 371 万 m³,兴利库容 6 941 万 m³。其中,锦绣川水库位于历城区绣川镇黄钱峪村,坝址以上流域面积 166 km²;1966 年 10 月开工,1970 年 10 月竣工,是一座以防洪为主,兼有灌溉、城市供水、发电等综合利用的中型水库；坝体为浆砌石重力坝，设计防洪标准为 100 年一遇，校核防洪标准为 1 000 年一遇；水库总库容 4 150 万 $m^3$，至 1982 年水库已淤积 23 万 $m^3$，年平均淤积 1.64 万 $m^3$。狼猫山水库位于历城区彩石镇，小清河支流巨野河上游，流域面积 82 $km^2$；水库于 1959 年 11 月开工，1960 年 7 月建成。坝体为均质土坝，设计防洪标准为 50 年一遇，校核防洪标准为 1 000 年一遇；水库总库容 1 560 万 $m^3$，至 1981 年淤积达 21 万 $m^3$，年淤积 1.62 万 $m^3$；修建时，大坝清基不彻底，造成漏水，虽经过灌浆处理，但未根除。另外，大坝背水坡过陡，堤身单薄。石店水库位于长清区张夏镇石店村东，居北大沙河纸房支流下游，控制面积 39.3 $km^2$；水库 1966 年 11 月开工，1968 年 5 月竣工，是一座以防洪为主，兼有灌溉、养殖的综合型水库；大坝为均质土坝，设计防洪标准为 50 年一遇，校核防洪标准为 1 000 年一遇，总库容 1 101 万 $m^3$。崮头水库位于长清区马山乡崮头村西，在黄河支流南大沙河西支流上，流域面积 100 $km^2$；1959 年 9 月开工，1966 年 6 月竣工，是一座以防洪为主，兼有灌溉、养殖的综合型水库；坝体为均质土坝，设计防洪标准为 50 年一遇，校核防洪标准为 1 000 年一遇，总库容 1 530 万 $m^3$。钓鱼台水库位于长清区五峰山乡东菜园村东，居南大沙河的东支流上游，控制面积 39 $km^2$，水库 1957 年 11 月开工，1968 年竣工；大坝为均质土坝，设计防洪标准为 50 年一遇，校核防洪标准为 1 000 年一遇，总库容 1 101 万 $m^3$；水库是在小型水库基础上经过多次扩建而成的，坝身单薄，曾出现裂缝未处理；至 1981 年水库淤积量 22.8 万 $m^3$，年均淤积 1.34 万 $m^3$。

2）小型水库

济南市有小型水库 78 座，皆建于南部山区，坝型多为均质坝和砌石重力坝，少量黏土心墙混合坝、浆砌石拱坝，其中小（1）型水库 29 座，小（2）型水库 49 座。

2. 河道治理及现状

济南市的河流分属黄河和小清河两大水系，河流除黄河外，均以雨水补给为主，按水文特征分山区型河流和半山区型河流两种类型。小清河属于半山区型河流，其他较大河流基本上属于山区型河流。

1）黄河水系

黄河干流从平阴县旧县乡清河门进入济南市境,沿市境北部逶迤东北,于章丘市黄河乡的常家庄出境,流经市境长度 172.9 km。其支脉河流均从右岸汇入,主要有南大沙河、北大沙河、玉符河等。

（1）黄河干流。

1949～1985 年,先后四次对黄河大堤进行整修加固,济南段右堤平、险工背河基本上都加了后戗,全部实现了石料化,河道流势趋于稳定。到目前,长清、平阴等区县在支流如黄河河口建排水闸 20 座,以防止洪水倒灌并及时排除滩地积水。另外,为了减小黄河水对济南堤防的威胁,1972 年修建了济南北展工程,北展区在花园口出现 3 万～4.6 万 m³/s 特大洪水时,启用分洪闸向展宽区分洪 2 000 m³/s,工程自建成未启用。

（2）主要支流。

①南大沙河。位于长清区,1986～1990 年对河道进行清障,堤防维修。共修建中小型水库 10 座,塘坝 60 座,下游裁弯取直加宽河道,河道过水能力提高至 450 m³/s,基本上控制了洪涝灾害。但防洪现状不足 10 年一遇。

②北大沙河。位于长清区,1962～1987 年先后对河道两堤进行加固加高,1990 年对河道进行清淤。共修建中小型水库 21 座,塘坝 72 座。2005 年济南市对下游段崮云湖大坝—济平干渠采取 100 年一遇防洪标准对河道进行治理。其余河段防洪能力不足 10 年一遇。

（3）玉符河。是济南市西南部的防洪屏障,拦截济南市南部山区洪水入黄河。到目前共建有大型水库 1 座,中小型水库 24 座,塘坝 42 座。上游有锦绣川、锦阳川、锦云川三大支流,锦绣川支流多年未治理,现状河道平均宽度 10 m 左右,防洪能力不足 5 年一遇;锦阳川支流于 1999 年治理,右岸采用 20 年一遇,左岸采用 10 年一遇防洪标准;锦云川支流多年未治理,防洪能力不足 10 年一遇。

2009 年 6 月腊山分洪道完工后,南部山区兴济河、大涧沟、陡沟（区域面积 159.5 km²）的山区洪水,经分洪道进入玉符河,再排入黄河。玉符河的排洪能力面临进一步挑战。

另外,由于黄河河床较高,玉符河汇入黄河处呈倒坡降,排洪时容易受到黄河水顶托影响,无法泄入黄河,且黄河大水时容易倒灌,下游地区易受淹成灾。

2）小清河河系

小清河起始于济南西部睦里闸,境内全长70.5 km,流域面积2 792 km²。流域地形复杂,地势南高北低,南部山丘区高程100～500 m,东西部为山前冲积平原,北部为黄泛平原,高程25～50 m。小清河是一条人工开挖的河道,以防洪除涝为主,兼有灌溉、航运等功能,是济南城区目前唯一的排洪出路。小清河主要支流有腊山河、兴济河、工商河、西泺河、东泺河、柳行河、全福河、大辛河、韩仓河、赵王河、刘公河、土河、巨野河等。

（1）小清河干流。

1996～1998年,按照"砍头、滞蓄、扩挖"的方案对济南市段小清河进行扩挖、筑堤、岸墙护砌等综合治理,小清河防洪能力由5年一遇提高到20年一遇。济南市区段按50年一遇防洪标准开挖河槽,底宽20～30 m,河口净宽40～50 m,采用浆砌石复式矩形断面,其他河段均按5年一遇除涝标准开挖河槽,20年一遇防洪标准新筑堤防。干流堤防等级为三级,堤坝宽度一般为12 m。睦里闸至腊山河口不筑堤,两侧各留5 m的交通道路,腊山河口至南沙桥两侧堤顶宽均为6 m,济南市区段两侧各留18 m的交通道路和绿化地。左岸洪家园桥以下为公路,右堤堤顶宽度8 m。1996年小清河治理后干流断面要素见表5-1。

表5-1　1996年小清河治理后干流断面要素

| 桩号 | 地点 | 流域面积(km²) | 设计流量(m³/s) | | | 河底比降 | 河底宽(m) | 河底高程(m) | 堤顶高程(m) | 水位(m) | |
|------|------|------|------|------|------|------|------|------|------|------|------|
| | | | $P(1/5)$ | $P(1/20)$ | $P(1/50)$ | | | | | 防洪 | 防涝 |
| 0+000 | 睦里闸 | | 30 | 50 | | | | | | | |
| 8+190 | 腊山河口 | 40.4 | 30 | 50 | | 1/2 500 | 20 | 21.19 | | 23.90 | 26.02 |
| 12+790 | 兴济河口 | 89.9 | 70 | 100 | 150 | 1/5 000 | 30 | 18.77 | 26.49 | 23.43 | 25.79 |
| 16+650 | 金牛闸 | | 140 | 326 | 390 | 1/5 000 | 30 | 17.93 | 25.99 | 23.09 | 25.29 |
| 22+595 | 全福河口 | 292.4 | 140 | 326 | 390 | | 30 | 17.00 | 25.32 | 22.63 | 24.62 |
| 23+520 | 黄台水文站 | 321.0 | 170 | 420 | 450 | | 30 | 17.00 | 25.21 | 22.54 | 24.51 |
| 28+065 | 大辛石河口 | 352.8 | 170 | 420 | 450 | 1/7 500 | 30 | 16.63 | 24.63 | 22.18 | 23.93 |

2007年6月,济南市政府对小清河进行了综合治理,工程计划于2011年年底全面竣工。此次小清河综合治理工程从洪园闸到睦里庄,全长31 km。一期工程由洪园闸到济泺路,全长13 km,已于2010年6月基本完成。二期工程由济泺路到睦里庄,全长18 km,目前正在建设中。治理后,小清河主河道将由原来的20~30 m拓宽至50~60 m,河口拓宽到90~100 m。河道实行景观绿化工程,形成31 km生态景观河道,形成京福高速至洪园节制闸23 km的水上旅游观光河道。小清河上游的西工商河、北太平河、兴济河、腊山河等6条支流河口将全部实现截污,小清河两岸敷设1 800 mm的污水管道,污水接入污水处理二厂,确保污水不进入小清河河道。

(2)小清河支流。

小清河南岸支流是山洪性支流河道(工商河、东泺河、西泺河除外),过水断面上游大于下游,坡陡流急,平时基本无水,每逢暴雨,洪水宣泄不及,常致下游成灾。因此,在各支流的上游,都修建了大小不同的拦蓄工程。同时,由于沟系上游沿线路坡度大,降低了受水设施的作用,使大量雨水沿路面径流进入下游流域。中下游排洪河道坡度较上游变缓,上游山洪冲刷下来的泥沙在此淤积沉淀,并且有大量沟道棚盖,致使局部沟段过水断面狭窄。北岸支流是平原沟河,一般多为农田排水干沟,经历次疏浚拓宽而成,无固定源头,与田间排水沟渠相连,平常基本为灌溉尾水。由于断面较小,河底平缓,且缺乏正常的管理维护,大雨行洪缓慢,常导致平原低洼区积涝成灾。小清河主要支流简况及河道现状见表5-2。

3. 水环境现状

近年来,随着济南市的发展和人口的急剧膨胀,城市基础设施建设滞后,尤其是污水管网不健全,部分污水不经过处理直接排入城区河道,导致河道内污水横流,垃圾淤塞,行洪不畅,严重影响了周边居民的生活环境和城市防洪安全。为此,对济南市城区兴济河、工商河、西泺河、东泺河、柳行头河、全福河等六条主要行洪河道的入河污水口和河道水质等状况进行调查。

表5-2　小清河主要支流简况及河道现状

| 河流名称 | 河长<br>(km) | 流域面积<br>(km²) | 河道行洪现状 |
|---|---|---|---|
| 腊山河 | 8 | 56.7 | 河道形态以土坡为主,大部分河道淤积严重 |
| 兴济河 | 22 | 139 | 刘长山以上河段行洪能力100年一遇,刘长山—南营房分洪口10～50年一遇,分洪口以下不考虑棚盖可达100年一遇 |
| 西泺河 | 21.2 | 31.9 | 河道淤积严重,防洪能力仅10年一遇 |
| 东泺河 | — | 6.4 | 防洪能力仅10年一遇 |
| 柳行头河 | 13.3 | 18.2 | 许多建筑临河而建,河道棚盖较多,防洪能力不足10年一遇 |
| 全福河 | 11.9 | 24.7 | 经十路以北河道行洪能力100年一遇,燕翅山—花园路段20年一遇,局部不足10年一遇,花园路—小清河段不足20年一遇 |
| 大辛河 | 21 | 57.3 | 在经十路附近及上游已被侵占没有河形,经十路—花园路段防洪能力100年一遇,胶济铁路—花园路段20～50年一遇,胶济铁路以下10～20年一遇 |
| 小汉峪沟 | — | 31.1 | 上游靠南部山区被侵占没有河形,经十路—胶济铁路防洪能力50～100年一遇,花园路北部不足10年一遇,北园大街北河段20～50年一遇 |
| 龙脊河 | — | 47.7 | 经十路以上没有河形,工业北路到小清河有形河段,过水能力远低于10年一遇 |
| 韩仓河 | 24.5 | 154 | 经十路以上没有河形,上游河道梯形断面,较陡,基本可通过100年一遇洪水,下游河道缓,过水能力不足10年一遇 |

| 河流名称 | 河长<br>（km） | 流域面积<br>（km²） | 河道行洪现状 |
|---|---|---|---|
| 刘公河 | 69.2 | 149.7 | 经十路以上河段被侵占，没有河形，下游河道窄，淤积严重，影响行洪，防洪能力不足10年一遇 |
| 土河 | 20 | 38.5 | 上游河道宽30~60 m，向下游断面逐渐缩小，失去河形，防洪能力不足10年一遇 |
| 巨野河 | 48.5 | 260 | 上游建有中型水库2座，小型水库7座；下游河堤进行过局部整修加固，防洪能力不足10年一遇 |

1）兴济河

兴济河沿河共有排水口118个，其中小清河—济齐路段，排污口4个；济齐路—济微路段，2000年已经对河道进行了截污改造，河道两侧有污水管，但由于管线堵塞，截留口不能及时疏通，现仍有少量污水排入河道；济微路—英雄山路段，共有排污口52个；英雄山路—兴隆水库路段，共有排污口4个；兴济河支流—南大槐树，共有排污口8个；兴济河支流—十六里河支流，共有排污口9个。小清河—济微路段，旱季几乎为干河；济微路—南外环段全是污水，为劣Ⅴ类水体。

2）工商河

沿工商河共有排水口118个，其中污水口51个。工商河沿岸较大的排水、排污口有万盛大沟、无影山中路泄洪沟、济洛路泄洪沟、生产渠等。2005年对北园大街以南的工商河部分进行了截污，在济泺路以东、工商河北岸建有一座日处理能力为1 t的中水处理站，处理后的中水回灌河道，改善了河道水质，河道水体基本上达到了Ⅴ类水体。北园大街以北的部分，全是污水，为劣Ⅴ类水体。

3）西泺河

西泺河系（西泺河、西圩子壕、民生大沟、英雄山边沟河段）总长度9 km，明渠共有排水口205个，排污量约为3.8万 m³/d；小清河—经一路段，共有排水口174个，其中排污口58个；西圩子壕河段共有排污口

31 个,其中东岸 21 个,西岸 10 个,该河段由于回民小区、民生大沟、经七路两侧等处污水直接排入该河道,致使河道污染严重,对周边地区环境影响较大。

上游广场东沟,2003 年对玉绣河进行了全线截污,沿线建有八里洼中水站、济大路中水站、植物园中水站,3 座中水站日处理能力为 5 500 t,处理后的中水回灌河道,改善了河道水质,但由于管理不善,部分已经截污的污水口又有污水排入河道,河道为劣 V 类水体;广场西沟由于旅游路雨污混流,污水口及经十路雨污混流污水口的污水量很大,舜耕路 $\phi$ 500 的污水干管容纳不了两处污水口的水量,污水直接排入河道,部分已经截污的污水口又有污水排入河道,河道为劣 V 类水体;南圩子壕—小清河段,全是污水,为劣 V 类水体。

4)东泺河

东泺河河系的现有明渠内共有排水口 298 个,其中正在排污的为 221 个,排污量较大的排污口为:北园大街排污口、振华电镀厂排污口,明渠约 5.76 km。其中,小清河—经一路段河道共有排水口 181 个,正在排污的为 151 个;仁智街边沟河段共有排水口 40 个,正在排污的为 29 个;羊头峪西沟河段共有排水口 77 个,正在排污的为 41 个。

东泺河上游的羊头峪西沟河段、仁智街边沟河段全线为污水,为劣 V 类水体;在仁智街边沟入东护城河处对仁智街边沟的污水进行了截流,东泺河上游污水全部接入城市污水干管,没有污水排入东护城河,东护城河河水水源为黑虎泉泉群的泉水,水质为 V 类水体;东泺河经一路—小清河段,已经进行了截污,但沿途有经一路边沟、北园路雨水沟等雨污混流口接入,泉水被污染,为劣 V 类水体。

5)柳行头河

柳行头河历山路铁路桥以南部分全部棚盖;历山路铁路桥以北及支流共有排污口 64 个。其中,较大的排污口有黄台南路支流、小柳行头河支流。沿河全线为污水,为劣 V 类水体。

6)全福河

全福河共有排污口 74 个,小清河—工业南路小清河段共有排污口 63 个;工业南路以南的河段几乎全部棚盖,工业南路—旅游路段共有排污口 11 个。全福河河道污染严重,全线为污水,为劣 Ⅴ 类水体。

4. 雨洪水利用现状

济南市雨洪水利用包括南部山区雨洪水植被拦蓄、水利工程拦蓄和市区雨洪水利用三方面。

由于南部山区特有的石灰岩母质和岩溶地貌,土壤瘠薄,导水条件差,植被生长受限。近年来,济南城区不断南扩,各种建设项目重开发轻保护,开山采石对山区林地破坏尤为严重。目前,南部山区植被覆盖率约为 40%,原生森林已被严重破坏,现多以人工林、次生林为主。因此,水土保持和涵养水源的能力较差,造成严重的水土流失,暴雨易造成山洪暴发,泥水砂石顺坡而下,造成下游河道、库塘等拦蓄工程淤积。

目前,南部山区建有各类拦蓄工程 391 座,总库容 2.62 亿 $m^3$,兴利库容 1.72 亿 $m^3$,控制流域面积 1 387 $km^2$。这些工程,既在防洪减灾方面发挥了巨大作用,又在拦蓄洪水资源方面取得了显著效果。

南部山区的降雨除水库拦蓄、地表下渗外,目前仍有约 5 700 万 $m^3$ 的雨洪资源未加利用,直接排入下游河道。多余的洪水,主要通过卧虎山水库下游的玉符河排入黄河,兴隆水库(市中区小型水库)下游的兴济河、大涧沟、陡沟排入小清河,狼猫山水库下游的西巨野河排入小清河,景观湖(西部大学城内)下游的北大沙河排入黄河。

济南市城区的雨洪水利用处于刚刚起步和探索阶段。据推算,济南每年因为地面硬化不当而白白流走的雨水超过 2 000 万 $m^3$。现在济南市区每年要向外扩张 5~8 $km^2$。研究资料表明,在泉域内每硬化 1 $km^2$ 土地,泉水每年减少 29.2 万 $m^3$ 的补给能力。这样测算,如果不加控制地随意硬化地面,一年就将减少 150 多万 $m^3$ 的地下水补给量。

济南市在城区一些小区进行了雨洪水资源化利用的试点,取得了有效的成果。

(1)林景山庄小区。

林景山庄小区雨水利用措施主要包括屋面雨水收集措施和雨水渗透措施。小区屋面面积共计约 2.6 万 $m^2$,修建 138 个蓄水池,整个小区集蓄可利用水量 0.98 万 $m^3/a$。小区将绿化面积中的 2.75 $hm^2$ 改成下凹式绿地,并铺设透水路面砖 3.51 hm²,每年可新增地下水入渗量 0.56 万 m³。

(2)鲁能领秀城。

鲁能领秀城雨水利用措施包括屋面雨水集蓄促渗措施和下凹式绿地、植草砖措施。屋面的降雨通过集水槽汇集,流至集蓄系统的入口,经过此处的过滤池和沉沙池,去除影响入渗的杂物、污物、细土粒等,然后渗入地下。小区对绿化面积 80.83 hm² 中的 93% 进行了下凹式绿地建设,并对停车场和区内道路采取铺植草砖措施后,区内透水面积增加了 2.28 hm²,共增加就地入渗量 7.22 万 m³,基本抵消因地面硬化增加的地表径流量。

5.分洪工程与蓄滞洪区现状

1)腊山分洪工程

2007 年 11 月至 2009 年 6 月,济南市政府在腊山开建分洪工程,新辟 7.85 km 分洪道,治理玉符河下游 9 km 河段。同时修建兴济河上游拦洪工程,改造龙窝沟、机床二厂沟、十六里河部分河段、韩庄河、袁柳庄河、九曲截洪沟。腊山分洪道完工后,南部山区兴济河、大涧沟、陡沟的山区洪水,经分洪道进入玉符河,再排入黄河。腊山分洪道工程可拦截兴济河、大涧沟及区间 159.54 km² 的山区洪水进入黄河,占小清河市区段原流域(大辛河口以上)面积 441.6 km² 的 36.13%,其中兴济河流域 61.61 km²,大涧沟流域 53.72 km²,南部坡地及陡沟流域 44.21 km²。如按照 1987 年 8 月 26 日暴雨计算,可削减洪峰流量 200 m³/s,分洪量 1 300 万 m³,占市区积水量的 26%,可有效减少市区洪涝灾害。

2)蓄滞洪区

20 世纪 60 年代初,为减少小清河下游支流入小清河洪峰,济南市修建了白云湖、芽庄湖滞洪区。1990 年城市规划调整,将美里湖、洋涓洼、北园洼地、华山洼拟定为济南市城市防洪滞洪区。但由于工程建设未完成,配套政策未实施,目前均不具备滞洪条件。目前正在使用的两个滞洪区为白云湖和芽庄湖,新确定的小李家庄滞洪区正在建设。这三个滞洪区情况如下:

(1)白云湖。位于章丘明水西北 20 余 km 处,北临小清河,东连绣江河,西跨历城区。1958 年筑堤围湖,原设计滞洪 0.8 亿 $m^3$,相应水位 22.0 m;1982 ~ 1984 年全省水利工程"三查三定",白云湖滞洪水位 21.8 m,滞蓄水量 6 450 万 $m^3$。

(2)芽庄湖。为跨境湖,1954 年章丘和邹平两县分别组织施工,湖堤长 10.6 km,面积 5.4 $km^2$(其中章丘 2.2 $km^2$),设计滞洪 1 500 万 $m^3$。主要为滞蓄漯河洪水,减轻杏花河、小清河的洪水负担。

(3)小李家庄滞洪区。现为遥墙镇成片藕池,位于遥墙镇西南,西临下华山洼,小清河北岸。地面高程 20.5 ~ 22.2 m,洼地面积 12 $km^2$。在设计洪水位下,现状滞蓄水量约 972 万 $m^3$。小李家庄滞洪区需新建围堤 15 km,小清河堤防高于地面 1.5 ~ 2.0 m,设计按照分洪流量 400 $m^3/s$ 采取堤坝自溃式向小李家洼地分洪。

济南市河系和防洪工程分布如图 5-3 所示。

### (三)主要存在的问题

通过以上分析,可以发现济南市的城市防洪主要存在以下问题:

(1)南部山区水土流失严重,蓄存暴雨雨水能力有限,并且泥沙随暴雨下泄,淤塞中下游河道和库坝等拦蓄工程,减弱河道的过水能力和库塘的拦蓄能力,增加下游的洪水压力。

(2)上游山区修建的水库、塘坝防洪标准偏低,且多数工程设施年久失修,存在安全隐患,给城市构成威胁。目前,石店、锦绣川、狼猫山水库和小型水库均不同程度存在病险问题,危及水库运行安全。

(3)河道人为填埋、侵占、棚盖现象严重,一方面影响正常行洪,使雨水不能及时入河;另一方面给河道清淤增加困难,加大灾害损失程度。河道防洪能力低,上下游行洪能力不协调,当发生较大降雨时,河道漫溢、道路行洪、城区积水现象突出。

(4)市区建设导致城区不透水面积大,地面的滞水性和渗透性差,局地产生的雨水和上中游来的洪水来不及下渗直接下泄,产流时间缩短,汇流速度加大,增加北部洼地防洪负担。

(5)对蓄滞洪区的改造缺乏统一的管理,加上人类活动的影响,滞洪、蓄洪能力基本丧失,不能有效地起到调节和蓄滞洪水的作用,加剧了超标洪水的满溢。

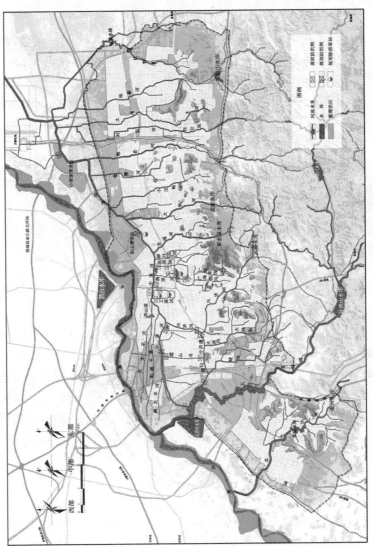

图 5-3　济南市河系和防洪工程分布

(6)市区内来不及排泄的洪水,迅速向城市低洼地汇聚。低洼地由于没有行之有效的防护措施,遭受了洪灾损失。

## 二、济南市生态防洪总体目标及思路

### (一)总体目标

针对济南市城市洪涝灾害成灾特点,在考虑防洪措施生态效应的基础上,研究济南市生态防洪措施,规划完善济南市防洪体系,提高城市的安全性和可靠性。通过生态防洪措施的研究,旨在转变防洪理念,从单纯与洪水抗争转变为在保证济南市防洪安全的前提下,合理调整人与洪水的关系,促进人与洪水和谐相处,保障经济社会可持续发展。

### (二)总体思路

#### 1.全面规划,合理布局

济南市的城市防洪是一个大系统,不同的区域起到的防洪作用不同,采取的防洪措施也有差别。建设济南市的生态防洪系统需要全面规划,既要结合济南市的城市发展规划,又要结合济南市的城市防洪规划,对防洪措施进行合理布局。

#### 2.转换思路,综合治水

过去单一的防洪治理目标破坏了自然环境的原貌,往往给生态环境带来长时期的不利影响,从而又严重威胁到人类自身的利益和安全。随着社会和经济的发展,人们物质生活水平的提高,对水环境提出了更高的要求,需要对治水理念进行转变,即由过去单一的修建防洪工程来达到防灾减灾目标,转变为以保护水环境为目的的多目标综合治理,城市防洪工程首先应从生态保护和环境治理的全局考虑,把工程措施与水环境、社会环境结合起来。

#### 3.以人为本,注重生态

在城市生态防洪建设中,要始终抓住"以人为本"这一主线,把确保人民生命安全放在首位,努力减少人员伤亡。同时,生态防洪措施的实施要以改善人民的物质和精神文明生活为出发点,改善人民居住环境,促进人水和谐。

#### 4.依据基础,节约投资

近年来,山东省、济南市各级政府已经对济南市城市防洪进行了投资,做了大量的修整和改造工作,取得了显著的成就。新的生态防洪建设应充分利用现有防洪工程,在新的平台上实现防洪措施的新跨越。

### 三、济南市城市生态防洪主要措施

针对济南市城市洪灾的形成特点以及不同区域的防洪作用,济南市城市生态防洪措施可主要包括以下几方面。

#### (一)南部山区水土保持生态防洪

南部山区的水土保持治理要依据《中华人民共和国水土保持法》,并与《济南市大环境绿化建设方案》相协调。采取生物措施与工程措施相结合的方法,本着先上后下、先坡后沟、山水林田路综合治理的原则,以小流域为单元,有计划、分期、分批进行综合治理。具体可按照"陡坡封育、缓坡治理、沟道拦蓄、加固扩容"的方式来进行。

(1)陡坡封育。对25°以上的荒山陡坡实行封山育林、禁牧还草政策。根据山区的地理条件,因地制宜,适地适树,实行乔、灌、草相结合,针、阔叶相结合,造林与美化相结合。在坡度陡、土层薄、水土流失严重的山地营造水土保持林;在水库、塘坝附近营造水源涵养林;在平缓的山坡和土层较厚、水源较好的梯田、堰边及退耕还林地上营造经济林。

在树种的选择上,以耐干旱瘠薄、抗逆性强的乡土树种为主。在砂石山地,种植油松、黑松、刺槐、楸树、麻栎、黄护、紫穗槐、杂交杨、核桃、柿子、山楂、枣、花椒、五角枫、火炬等;在青石山,种植侧柏、刺槐、紫穗槐;在沟谷地(土层较厚处),种植杨、柳、臭椿、柿子、山楂、桃、杏、苹果等。

在搞好山区造林的同时,对原有的侧柏加强抚育管理。在林间空地,广种野草、野花,以固持土壤、涵养水源。在田边地堰和梯田隙地上,环山路的边缘种植金银花、黄花菜、紫穗槐固埂固坡。

(2)缓坡治理。对陡坡以下、沟道以上的缓坡地带,按照水土流失治理的模式进行治理,因地制宜,通过修筑水平梯田、水平沟、隔坡梯田、鱼鳞坑、丰产沟、反坡梯田、集水面整地等形式对南部山区耕地进行改造,可大量拦截坡水,既使降雨在坡耕地上很少产生径流,又使水土保持效果好,易于农作物生长。

(3)沟道拦蓄。在面向城市汇水的 14 条河流集水区域内修建谷坊、塘坝、水池、水窖等,层层拦蓄。这些小型工程措施宜就地取材,以干砌、浆砌石料为宜,既简单易行,又有很高的安全度,可减缓水力坡降与流速,使洪水中挟带的泥沙在谷坊前沉积下来,防止了沟底下切和沟壁坍塌,有效地减小山洪的破坏力和含沙量。

上游山区的自然冲沟除个别沟段位于大面积岩石处外,其余均应进行沟头防护,既可防止山坡径流集中流入山洪沟,又减小沟头上爬。沟头附近有农田,可采用拦蓄形式进行截流,反之可采用排水形式。对于坡度较大、较规则的山坡,可采用挖水平截流沟等形式进行截流,对冲沟较发育,坡面较破碎的山坡可采取挖鱼磷坑的形式进行截流。

(4)加固扩容。对南部山区影响市区防洪的 5 座大中型水库、78 座小型水库及其他塘坝、谷坊进行加固、防渗漏、清淤等措施,并加强管理,定期养护、维修,使它们达到原有设计防洪标准,提高这些防洪水利设施的安全度和可靠性。

同时,可采用国外先进的分散式防洪技术,在封山育林、提高植被覆盖率的基础上,充分利用地形地貌特点,构建洪水滞留盆地、延滞池塘、草地水道、植被缓冲构筑物等分散性的洪水延滞系统,延长南部山区洪水下泄时间,减缓城区洪水压力。

济南市南部山区水土保持生态防洪建设技术路线如图5-4所示。

**(二)小清河南岸支流和玉符河入黄处的生态治理**

**1.小清河南岸支流**

小清河南岸的东泺河、西泺河、柳行头河、全福河、大辛河、龙脊河、韩仓河等几条支流是济南市区对南部洪水的主要排洪河道。由于泥沙淤积和人为占道,行洪不同,需要按照排洪排涝标准进行拓宽,砌筑岸坡,并进行清淤、清疏,以使洪水能顺利流入小清河。

各河道均按照 100 年一遇标准进行治理。各河道下游堤顶与小清河设计堤顶高程一致,纵断面比降按照地形条件确定,使河底线与地面

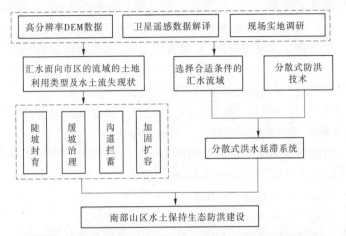

**图5-4　济南市南部山区水土保持生态防洪建设技术路线**

线基本平行,下游小清河沿岸低洼起伏,河底线比地面线稍平缓,以利于低洼地区排水。各河道上中游及部分下游河段,设计洪水位一般位于地面以下0.5～1.0 m,下游考虑小清河沿岸低洼地区除涝要求,按除涝水位低于地面以下0.3 m左右计算。

考虑到经济、用地、生态环境等因素,市区内河段采用下部矩形、中间退台、上部梯形的复式形状(见图5-5)。下部矩形采用浆砌石护岸,中间退台采用透水砖,上部梯形采用种植草皮、植被绿化护坡。郊区采用土明沟梯形断面,考虑衬砌和绿化植被,沟底仅在少数构筑物处用块石护砌。土明沟设计流速不大于不冲流速,浆砌块石明沟设计流速不大于4.2 m/s,根据地面实际坡度确定合理的河底纵坡,据此确定排洪沟过水断面面积。排洪沟两侧大堤超高一般为1.0～1.5 m。

**图5-5　市区河道治理断面示意图**

2. 玉符河入黄处

玉符河入黄河处无控制性建筑物,由于黄河河底高程较高,玉符河水流入黄河存在倒坡降问题,且遇黄河大水,产生顶托影响,容易引起黄河水的倒灌,因此对于玉符河入黄处的治理可以采取以下措施进行:

(1)在玉符河入黄处修建挡水控制闸,防止黄河水倒灌。

(2)沿玉符河修建几处橡胶坝,既可分段拦蓄上游来水,减轻下游压力,又可在黄河水倒灌时起到一定拦蓄作用。

**(三)城区雨洪水的资源化利用**

按照城区发展阶段的不同,对城区建成区和开发规划区的雨洪水利用分别采取不同的技术和措施。

1. 建成区的雨洪水利用

鉴于济南市建成区具有建筑密度较大、平屋顶建筑多的特点,雨洪水利用改造困难。因而建议采取以下措施对雨洪水进行控制与利用。

1)河道滞蓄雨洪水

结合全市水环境综合整治,利用河道及河岸低洼地形条件,滞留河道径流,在河道内适当部位建闸或堰进行洪水拦蓄,或在河道周边低洼地段设置滞洪区。对于水质好、具有条件的河段,可以进行提蓄工程建设,将汛期洪水提到附近的水库或水厂,增加饮用水源。通过治污改善河道水质,增加汛期能够提蓄水的河段,充分发挥提水工程的作用,提高工程效益。

2)修建集中雨水蓄水池

对于城市绿地,可根据需要建设地下集中雨水蓄水池收集雨水,并配有雨水净化设施,用于浇洒绿地。在新建或改造的小区等其他集中利用雨水的地点,可结合规划,修建小型蓄水工程,分散集蓄,用以冲洗路面、冲厕、补充景观用水、消防、降尘及洗车等耗水量大而对水质要求不高的用水项目。

3)利用透水砖渗透雨水

在城市建设中,采用透水砖、草皮砖、挖穿不透水层埋设带孔透水管、修建水源涵养林等方式,使尽可能多的雨水渗入地下,增加地下水的补给。

4）市区雨水管网建设

市区雨水管网采用雨污分流制,使径流快速汇集下泄,避免马路行洪影响交通,各地区雨水管网就近与排洪河道连通,以分散排水为主,集中排水为辅。

2. 开发规划区的雨洪水利用

对于开发规划区的建设用地,应将拟建雨洪利用工程与主体建设工程同时规划建设,达到效益最优,因此发展开发区建设用地的雨洪规划是重点。开发区的雨洪水利用方式如下。

1）屋顶雨水收集利用

通过过滤器过滤屋面雨水或修建集中的雨水处理设施处理屋面雨水,处理后的雨水排入蓄水池供冲厕、洗衣、灌溉等使用,还可以作为再生水系统的补充水源,提高水处理设施和再生水管道的利用效率。需要注意的是,部分屋面材料对雨水的污染较大,如沥青屋面,应尽量避免使用。

2）道路雨洪水收集利用

采用透水材料修建停车场和广场的地面,增加降雨入渗量;铺装透水的人行道,减少降雨时人行道上的径流损失。修建道路蓄水 – 入渗回灌系统,收集公路上的降雨径流,经油水分离、过滤等处理后用于灌溉路边花草树木。

3）绿地草坪滞蓄雨水

降低绿地高程是提高绿地入渗能力的有效方法。另外,绿地对雨水中污染物质有明显的截留作用,推广下凹式绿地技术还可控制初雨对水体的污染。

济南市城区雨洪水的资源化利用技术路线如图5-6所示。

城市和社区雨水利用示意图分别见图5-7和图5-8。济南市市区具体雨水利用工程可根据小区、建筑物的实际情况和《建筑与小区雨水利用工程技术规范》（GB 50400—2006）进行计算、设计和施工。

**（四）蓄滞洪区建设与综合治理**

针对济南市蓄滞洪区的现状,可按以下思路进行治理和建设。

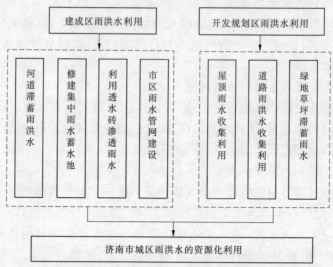

图5-6　济南市城区雨洪水的资源化利用技术路线

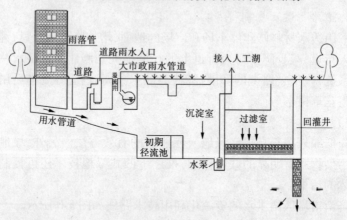

图5-7　城市雨水利用示意图

## 1. 原规划滞洪区

原规划的美里湖、洋涓洼和华山洼三个蓄洪区由于工程设施不配套,且被开发利用,逐步丧失了滞蓄洪水的功能。但是这三个滞洪区沿着小清河市区段由东向西一字排开,相比于正在使用的白云湖、芽庄湖和正在建设的小李家庄滞洪区距离市区更近,针对小清河洪峰流量

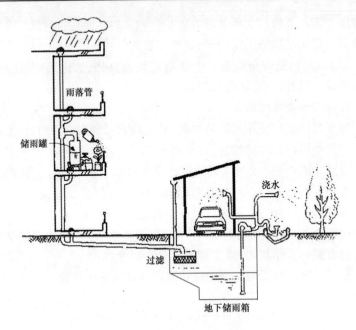

雨落管

储雨罐

浇水

过滤

地下储雨箱

**图5-8　社区雨水利用示意图**

"支流大于干流"的状况,在滞蓄洪水的时间上具有明显的优势。因此,对原规划的滞洪区进行还原建设具有极其重要的意义。

考虑到三个滞洪区内社会经济现状、滞蓄能力、引水时间等多种因素,建立综合评判指标体系。采用模糊优选方法,建立评判模型,对三个滞洪区按照还原建设条件优劣进行排序。

选择出适合还原建设的滞洪区,然后划分淹没等级,确定发展模式,制定防洪安全措施,具体如下:

(1)划分淹没等级。采用数值模拟的方法,对不同洪水频率条件下滞洪区内的洪水演进过程进行模拟,可以根据洪水淹没时间和淹没深度对滞洪区进行级别划分,如5 h之内淹没的区域划为Ⅰ级区,20 h之内淹没的区域划为Ⅱ级区,60 h之内淹没的区域划为Ⅲ级区。也可按照洪水发生频率对滞洪区进行等级划分。

(2)确定发展模式。根据滞洪区淹没等级确定不同的发展模式,如Ⅰ级区主要进行湿地、池塘等建设,既可增加蓄洪能力,又可发展湿地旅游景观。Ⅱ级区主要进行农业生产和临时旅游建筑开发。Ⅲ级区在具有一定防洪措施的保护下,可建设长久居住区。

（3）制定防洪安全措施。主要指建设避洪楼、撤退道路、庄台、避洪台等建筑,同时制定居民撤退路线。

2. 现用和新建滞洪区

对于现在正在使用和新建的滞洪区,以蓄滞洪水为首要目的,原则上坚决杜绝滞洪区内的用地占地,对于必需的各种土地利用、开发和各项建设必须符合防洪的要求,保证蓄滞洪容积,实现土地的合理利用,减少洪灾损失。另外,要参照原规划滞洪区,进行必要建设,如划分淹没等级、确定发展模式、制定防洪安全措施等。

对滞洪区（包括原规划滞洪区、现用和新建滞洪区）建立健全滞洪区运行方案和操作规程,加强滞洪区的法制管理。

蓄滞洪区的建设与综合治理技术路线如图 5-9 所示。

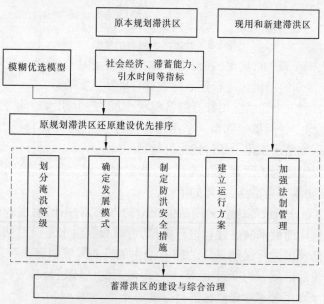

图 5-9　蓄滞洪区的建设与综合治理技术路线

### （五）城区重点低洼区快速移动挡洪墙建设

城区来不及宣泄的洪水，会迅速向低洼地汇聚，造成重点低洼地区的损失（如在"7·18"大洪水中的泉城广场银座地下超市和北园地区等）。过去多采用沙袋抵挡洪水，但挡水高度和挡水效果有一定限制，且沙袋堆积速度慢，在城市存放不方便。因此，需要采用一种安装速度快、挡水效果好、材料存储方便的新型城市挡洪墙。

城市快速挡洪墙技术比较成熟的是捷克布拉格市的移动防洪墙。2002年捷克布拉格市政府为了抵挡伏尔塔瓦河洪水，在河岸两侧大堤的道路中间架设移动防洪墙，即事先在河岸道路安装永久基座，然后把部件安装进去，并用钢架固定。基座只有一尺见方，全部用金属盖覆盖，不影响景观。墙体由若干铝合金部件叠加而成，部件之间用橡胶密封连接，保证不被洪水穿透，墙体高度视需要而定。相比于沙袋和水泥预制板，铝合金板在安装速度、储存和运输条件、挡水效果等方面均具有明显的技术优势，并且不影响城市的景观。

## 四、结论与建议

### （一）结论

济南市是我国受洪涝灾害威胁最为严重的城市之一，城市防洪任务艰巨。2005年济南市提出了建设生态市的要求，这也对济南市的城市防洪提出了新的要求。本书从城市防洪、生态保护和环境治理的全局考虑，针对济南市城市生态和防洪存在的问题，提出了相应的生态防洪措施。主要结论如下：

（1）上游南部山区是济南市的重要产水区，但该区域植被覆盖率低，水土流失严重，淤塞了中下游河道和库坝等拦蓄工程，减弱河道的过水能力和库塘的拦蓄能力；上游山区修建的水库、塘坝防洪标准偏低，且多数工程设施年久失修，淤积、渗漏等问题严重，存在安全隐患，对城市安全构成威胁。针对以上问题，需要采取"陡坡封育、缓坡治理、沟道拦截、加固扩容"的方式，植树封山育林，提高植被覆盖率，进行水土保持，并对水库塘坝进行清淤加固建设，增加拦蓄能力，保证拦蓄安全。

（2）中游河道人为填埋、侵占、棚盖现象严重，影响行洪能力正常发挥，水环境恶化；河道防洪能力低，河道上下游行洪能力不协调，当发生较大降雨时，河道满溢、道路行洪、城区积水现象突出。因此，可采取生态措施，通过加高河道堤防、疏挖拓宽河道、恢复河流行洪断面、拆除河道棚盖等来提高河道行洪能力。

（3）市区城市化建设导致不透水面积增大，降雨产流时间缩短，汇流速度加快，局地产生的雨水和上游来的洪水来不及下渗直接下泄。对于该问题，需要对市区雨洪水充分资源化利用，按照城区发展阶段的不同，分别采取不同技术和措施，加强屋顶路面的雨水回收和存蓄能力，加大绿地草坪雨洪水的就地下渗能力。

（4）由于对蓄滞洪区或涝洼地区的改造缺乏统一的管理，随着城市发展逐渐被占用，蓄滞能力大大降低，一旦蓄滞，将会造成较大的经济损失。针对该问题，根据实际情况可对原规划蓄滞洪区，选择条件合适的进行能力还原建设；对正在使用和新建的蓄滞洪区加强管理，杜绝影响蓄洪的违规建设，并划分淹没等级、确定发展模式、制定防洪安全措施。

（5）市区内来不及排泄的洪水，迅速向城市低洼地汇聚。对于该问题，可学习国外经验，在不影响城市景观的前提下，对重点低洼易涝区域建设快速移动挡洪墙。

**（二）建议**

（1）济南市生态防洪建设是一项综合性的工作，不仅属于水利部门工作的范围，而且涉及园林、城建、环保、财政等多个部门。因此，在建设过程中应注意各个相关部门的协调合作。

（2）济南市生态防洪建设应统一规划，分期制订实施计划，优先安排事关全局的重点区域防洪建设和重点工程建设，逐步达到有效生态防洪的目标。

（3）济南市生态防洪建设需要较强的技术支持，而一些技术是目前我们不能掌握或不熟悉的。因此，建议对以下关键技术进行科学研究：

①行洪河道生态修复和治理技术研究。

②城区雨洪水资源化利用技术研究。

③北部蓄滞洪区建设与综合利用技术研究。

④城市快速移动防洪墙技术研究。

# 第六章　鲁西北沿黄经济带水资源可持续利用模式

## 第一节　地理区位及水资源开发利用条件

本书所指的鲁西北沿黄经济带包括菏泽、聊城、德州 3 市,地理位置如图 6-1 所示。

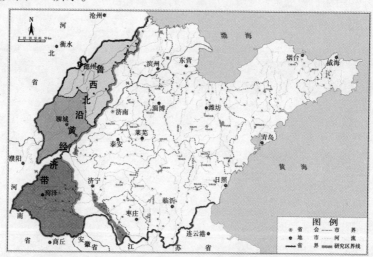

**图 6-1　鲁西北沿黄经济带地理位置**

鲁西北地区属黄河冲积平原,土层深厚,地势平坦。黄河的多次改道和决口泛滥,导致区内形成了沉积物交错分布,岗坡洼相间,微地貌发育完全的地形地貌特征。微地貌类型主要有河滩高地、缓平洼地、浅平洼地、背河槽状洼地、决口扇形地等。高程大都在 50 m 以下,自西南向东北倾斜,地面坡度为 1/2 000~1/5 000。该地区分属海河流域和淮河流域,区内河流分布比较密集。其中,鲁北地区除黄河及漳卫河外,还有三条骨干河道,即徒骇河、马颊河和德惠新河;鲁西的菏泽市境内骨干河流有万福河、东鱼河、洙赵新河等。

鲁西北沿黄经济带多年平均降水量不到 600 mm,年均径流深仅 50 mm,地下水资源模数为 10 万~20 万 m³/(km²·a)。该区域供水对引黄依赖性较大。2008 年,菏泽、德州、聊城总供水量达 64.01 亿 m³,其中引黄水量达 31.79 亿 m³,占总供水量的 49.66%。根据《山东省2011~2015 年用水总量控制指标》,今后 5 年内上述地区引黄、引江总量控制在 31.55 亿 m³ 规模以内,占总水量指标 70.03 亿 m³ 的 45%。

鲁西北地区水资源开发利用条件具有以下特点:一是对引黄高度依赖,但引黄总量受到多方面因素的限制,用足用好引黄指标是水资源开发利用的关键;二是区域农田灌溉引黄量巨大,未来经济发展用水除增加引江水源外只能通过农业节水来转移;三是当地地表水水质较差,河道调蓄能力有限,开发利用率较低,合理加强河道梯级开发是提高当地水资源开发利用水平的重要途径;四是部分区域有地下咸水和微咸水分布,有一定的开发利用潜力;五是地下水超采问题较为严重,莘县—夏津地下漏斗区面积近 4 000 km²,加强地下水限采管理日显重要。

# 第二节　水资源可持续利用模式及措施

## 一、水资源可持续利用模式

根据鲁西北地区的水资源特点,提出充分发展引黄节水灌溉,积极探索生产置换水源和农业补偿,扩大微咸水利用,加大水环境保护的水资源利用模式,可简称为引黄节水和水资源综合利用模式。

## 二、主要措施

### (一)加大引黄灌区节水改造力度

鲁西北地区是山东省农业生产最集中的地区,农田灌溉用水量较大。据 2008 年统计结果,菏泽、聊城、德州 3 市总用水量为 64.01 亿 m³,其中农业灌溉用水量 49.08 亿 m³,占总用水量的 76.68%,所以农业节水具有十分重要的意义。农业灌溉节水涉及许多工程措施及技术环节,如输水系统的防渗、田间灌水技术、节水灌溉制度、畦田改造、化学保水剂、覆盖等,限于研究重点,本次仅根据鲁西北灌区的特点、水源条件、不同下垫面情况等探讨适宜的工程技术模式。

在引黄灌区内一般从上游到下游又区分为不同的子灌区,即渠系自流灌区、井渠结合区、河沟网提灌区、井灌补源区等。在全区设计引黄灌溉面积中,现状渠系自流灌区的设计面积超过了50%;河沟网提灌区面积不足30%;井灌补源区面积不足20%,几乎没有井渠结合区。这种渠系自流灌区控制的灌溉面积过大,井渠结合区及井灌补源区控制的面积比例太小,成为区域上总体水资源利用系数低的一个重要原因。所以,引黄灌区节水应首先对灌溉工程模式进行改造,即压缩渠系自流灌区面积、扩大井灌补源面积及井渠结合区面积。采用井渠结合及井灌补源模式可以把黄河以北、徒骇河以南、平阴大桥至簸箕李灌区之间没有得到合理开采的地下水充分利用起来,汛前腾空地下库容,为充分接纳降雨提供条件,并为今后推广更先进、更科学的节水灌溉技术奠定基础。

对于微咸水、咸水地区,除少部分微咸水可以利用外,大部分咸水、微咸水目前利用难度较大,而且造成地下水位较高,容易造成土地盐碱化。对这类地片而言,需要引用黄河水或从河道提水灌溉,而渗入地下的水不能再回收利用,因此采用防渗工程节水是真正的资源性节水,应优先发展防渗节水工程,严格控制淡水资源的浪费。在经济条件难以满足全面衬砌的情况下,井渠结合区的防渗则可暂缓实施。

综上所述,根据鲁西北引黄灌区的特点及各种节水技术对水源条件的要求,其节水改造工程如下:对于骨干引黄渠道,要全面衬砌,减少渗漏,提高输水输沙能力;对于渠系自流灌区,要衬砌渠道,输沙入田,实现远距离输水输沙;对于河渠网提灌区,要扩大控制面积,发展管灌节水工程;对于井渠结合灌区,要扩大控制面积,发展渠道衬砌、管灌等节水技术;对于井灌补源灌区,要扩大控制面积,发展管灌、喷灌等节水技术,改善地下水环境;对于高亢砂土区,要发展喷灌、管灌、渠道衬砌等技术,减少渗漏,减小灌水定额;对于蔬菜区,要因地制宜发展高效节水技术;对于地下水高矿化度区,要全面防渗,减少渗漏,大幅度减少不可回收淡水的损失,防止次生盐碱化。

### (二)多水源、多工程水资源优化调度利用

多水源是指当地水、引黄水、引江水、污水处理水、劣质水(微咸水)等,多工程是指河流、干渠、闸坝、平原水库、塘坝、供水管线等,多用户则包括生态、生活、生产的各个方面。由此,可以建立鲁西北地区水资源优化调度高效开发利用工程模式,如图6-2所示。

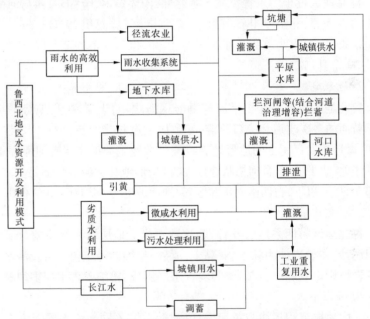

图6-2　鲁西北地区水资源优化调度高效开发利用工程模式

# 第三节　典型研究:
# 鲁北地区水资源高效利用建设模式研究

鲁北平原区拥有山东省三分之一的土地面积,水资源状况在海河流域具有一定的典型性。该地区是山东省的粮食基地,由于降水量偏

少、依赖引黄等,区内水资源供需矛盾日趋紧张。因此,充分、高效利用现有各种水源,通过地表水、地下水和黄河水的优化配置及调度,缓解区域水资源供需矛盾具有十分重要的意义。

## 一、鲁北地区概况

### (一)自然状况

#### 1. 地理位置

鲁北地区位于山东省黄河下游北部,南靠黄河、金堤河,西与河南、河北两省为邻,北至漳卫新河南岸,东临渤海,总面积 29 713 km²。区内包括聊城、德州两市的全部和济南、滨州、东营 3 市的黄河以北部分,涉及 29 个县(市、区)。

#### 2. 地形地貌

鲁北地区属黄河冲积平原和渤海退海之地,土层深厚,地势平坦。由于黄河的多次改道和决口泛滥,导致区内沉积物交错分布,岗、坡、洼相间,微地貌发育完全的地形地貌特征。微地貌类型主要有河滩高地、缓平洼地、浅平坡地、背河槽状洼地、决口扇形地和黄河三角洲等。高程大都在 50 m 以下,自西南向东北倾斜,地面坡度为 1/5 000 ~ 1/2 000。

#### 3. 水文地质

鲁北地区第四系地层发育,厚达数百米。地层沉积物主要是黄河冲积泥沙,主要岩性为黏土、亚黏土、亚砂、粉细砂等。包气带及潜水变幅带岩性则由亚黏土、亚砂土等弱含水层组成,粉细砂含水层多埋藏于 10 ~ 20 m 以下。

区内地层沉积规律与黄河变迁密切相关,不同地段不同深度上沉积了多层次的含水岩组,可分为以下四类:

(1)潜水和浅层承压水含水岩组,为近代黄河冲积层,埋深在地面以下 50 ~ 80 m 以内,砂层富集的地区为古河道带。粉细砂含水层厚度 5 ~ 20 m,单井出水量 20 ~ 60 m³/h,部分可大于 60 m³/h。

(2)中层和中深层承压含水岩组,浅层淡水底界面以下至 100 ~ 300 m 为中深层承压水,含水层为粉细砂,隔水层为黏土、亚黏土和淤泥。由于该层水质较差,矿化度在 2 g/L 以上,属苦咸水,暂时难以大量开采利用。

（3）深层承压含水岩组，埋藏在中层咸水以下，除沿海地带外普遍有淡水分布，顶界面自西南向东北逐渐加深，由 100~400 m 不等。含水层为粉细砂或中砂。单井出水量 40~60 m³/h，由于深层承压水弹性储量甚微，补给条件复杂，开采十分困难，目前尚未大量开采。

（4）裂隙性黏土含水岩组，远离古河道的河间地带。由于黄河冲积层沉积颗粒较细，部分裂隙性黏土或亚黏土含水层具有较好的导水性能，单井出水量 20~60 m³/h，目前已部分开采利用。

#### 4. 河流水系

鲁北地区属海河流域的一部分，区内河流分布比较密集，除南边界的黄河及北边界的漳卫河外，区内 3 条骨干河道，即徒骇河、马颊河和德惠新河，滨海地区则分布一些独流入海河道。

##### 1）徒骇河

徒骇河位于鲁北地区南部，干流起源于河南省南乐县，于莘县文明寨进入山东省境内，干流流经南乐（河南省）、莘县、阳谷、东昌府、茌平、高唐、禹城、齐河、临邑、济阳、商河、惠民、滨州、沾化 14 个县（市、区），于沾化县暴风站入渤海，全长 436.35 km，流域面积 13 902 km²，其中山东省境内河道干流长度 406 km，流域面积 13 296 km²。徒骇河有较大支流（流域面积在 100 km² 以上）27 条，其中流域面积在 300 km² 以上的有赵牛新河、老赵牛河、土马沙河、秦口河、新金线河、赵王河、上四新河、西新河、七里河、苇河等 10 条河流。

##### 2）马颊河

马颊河位于鲁北地区北部，干流起自河南省濮阳市金堤闸，流经清丰、南乐（河南省）、大名（河北省）、莘县、冠县、东昌府、茌平、临清、高唐、夏津、平原、德城、陵县、临邑、乐陵、庆云等 16 个县（市、区）后，于无棣县入渤海，全长 425 km，流域面积 8 330.4 km²。其中山东省境内长度 334.57 km，流域面积 6 829.4 km²。马颊河现有流域面积 100 km²以上的较大支流 17 条，其中大于 300 km² 的有鸿雁渠、裕民渠、唐公沟、笃马河、朱家河、宁津新河、跃马河等 7 条。

3）德惠新河

德惠新河位于徒骇河与马颊河之间，为 1968～1970 年新开挖的河道。干流起自平原县王凤楼村，流经平原、陵县、临邑、商河、乐陵、阳信、庆云，于无棣县下泊头村东北 12 km 处与马颊河汇合后入渤海，河道总长 172.5 km，流域面积 3 248.9 km²。德惠新河有流域面积 100 km² 以上的较大支流 12 条，其中 300 km² 以上的有禹临河、临商河、跃进河、引徒总干渠等 4 条。

4）滨海独流入海河道

鲁北地区的滨海独流入海河道分布在滨洲及东营市的北部，主要有潮河、沾利河、挑河、草桥沟、东干流、褚官河、太平河、马新河、神仙沟、新卫东河等，流域总面积约 3 257.7 km²，除褚官河、太平河汇合后流入潮河入海外，其他均为独流入海河道。

## （二）水资源状况

### 1. 当地水资源

鲁北地区当地水资源主要来自大气降水，根据《山东省水资源综合规划》，多年平均降水量 564.2 mm（1956～2000 年系列），为山东省最小降水区（全省平均 676.5 mm），多年平均地表径流量 13.9 亿 m³，地下水资源量（矿化度小于 2 g/L）28.08 亿 m³，扣除重复计算量 5.0 亿 m³，水资源总量为 36.98 亿 m³。鲁北地区当地水资源特征值见表 6-1～表 6-4。

表 6-1　鲁北地区年降水量计算分析成果　　（单位:mm）

| 均值 | 不同保证率年降水量 | | | |
|---|---|---|---|---|
| | 20% | 50% | 75% | 95% |
| 564.2 | 678 | 552.3 | 463.7 | 354.4 |

表 6-2　鲁北地区年径流量计算分析成果

| 计算面积（km²） | 均值（亿 m³） | 不同保证率年径流量（亿 m³） | | | |
|---|---|---|---|---|---|
| | | 20% | 50% | 75% | 95% |
| 29 713 | 13.9 | 22.9 | 7.37 | 2.09 | 0.14 |

表6-3 鲁北地区多年平均地下水资源量成果(矿化度:<2 g/L)

| 计算面积 (km$^2$) | 总补给量 (亿 m$^3$) | 地下水资源量 (亿 m$^3$) | 资源模数 (万 m$^3$/(km$^2$·a)) | 总资源量 (亿 m$^3$) | 可开采量 (亿 m$^3$) | 可开采模数 (万 m$^3$/(km$^2$·a)) |
|---|---|---|---|---|---|---|
| 19 540 | 29.04 | 28.08 | 14.4 | 28.08 | 23.81 | .12.2 |

表6-4 鲁北地区水(淡水)资源总量

| 总面积 (km$^2$) | 地表水资源量 (亿 m$^3$) | 地下水资源量 (亿 m$^3$) | 重复计算量 (亿 m$^3$) | 水资源总量 (亿 m$^3$) | 产水模数 (万 m$^3$/(km$^2$·a)) |
|---|---|---|---|---|---|
| 29 713 | 13.90 | 28.08 | 5.00 | 36.98 | 12.4 |

鲁北地区水资源特点主要有三个:一是年际、年内分布不均,丰水年降水量可达枯水年降水量的3倍以上,每年汛期降雨量又占全年降水量的70%以上;二是全区水资源开发强度分布不均,个别地区地下漏斗不断扩大,造成了当地水环境的持续恶化;三是依靠建设平原水库进行水资源调配空间有限。这些特点显然给当地水资源的充分利用带来了一定困难。

2. 客水资源

鲁北地区客水资源主要是黄河水,在它的西部及北部有时也可少量引用金堤河及漳卫河的来水,未来南水北调东线的长江水也将成为鲁北地区的一大客水。

目前,黄河流域管理部门分配给鲁北地区引黄指标约32亿 m$^3$。此外,金堤河多年平均引水量为1.5亿 m$^3$,卫运河多年平均引水量为0.7亿 m$^3$。

南水北调东线工程已经开工建设,根据规划,2013年左右鲁北地区可以用上长江水,第一期工程完成后年净增水量4.25亿 m$^3$,至2030年第三期工程完成后净增水量达9.14亿 m$^3$。

3. 水资源总量

根据以上统计,目前鲁北地区多年平均水资源总量为71.18亿

$m^3$,其中当地水量36.98亿$m^3$,引黄水量32亿$m^3$,引金水量1.5亿$m^3$,引卫水量0.7亿$m^3$。至2013年,引江一期工程完成后多年平均水资源总量增加到75.43亿$m^3$;至2030年,引江三期工程完成后,多年平均水资源总量增加到80.32亿$m^3$。

**4. 水资源开发利用工程现状**

**1）工程数量**

目前,鲁北地区水资源开发利用工程主要分为两大部分,即当地水开发利用工程和引黄工程。

当地水开发利用工程包括机井约23.8万眼,配套21万多眼,共44.8万眼,设计开采能力约25亿$m^3$;在徒骇河、马颊河和德惠新河3条河道的干流上建设大型拦河闸41座,设计一次蓄水能力2.4亿$m^3$,由于淤积等,实际一次蓄水量约1.4亿$m^3$。此外,各市兴建的坑塘及3大河道支流拦河闸等小型蓄水工程总库容约2.6亿$m^3$。

引黄工程由引黄涵、引水闸、扬水站及平原水库组成,引黄涵、引水闸及扬水站等现有26处,设计引、提水能力1 114 $m^3/s$,兴建的中小型平原水库总库容约6亿$m^3$。

**2）工程存在的问题及解决方案**

无论是从工程的数量,还是从工程开发利用水资源总量来看,鲁北地区水利工程建设已具有一定的规模,而且发挥了较大的水利效益。但是,就目前鲁北地区水资源供需矛盾而言,这些工程仍存在一些弊端,限制着总体效益的发挥。具体来说,有以下几方面:一是工程普遍老化,或损坏明显,或淤积严重,或设计标准偏低,实际使用指标往往达不到设计指标或者虽达到设计指标却低于应有的设计标准;二是各地区水利配套不完善,未形成"拦、引、蓄、提、灌、排"循环工程体系,导致水资源回用率、复用次数难以提高,水资源实际利用量受到限制;三是工程运行相对独立,处于"自发"状态,河道上下游间、大型灌区间、浅层咸淡水区间均缺乏工程调度,水资源开发利用尚未形成区域性的调配;四是区内缺乏统一规划,水资源开发利用水平分布不均衡,形成一方超采一方欠采的局面;五是工程统管水平有待提高,由于建设水资源网络实行水资源优化配置必须以区域统一管理为基础,鲁北地区水利工程建设应当做到"硬件和软件"并重。

鲁北地区水利工程的这些特点严重限制了水资源的高效利用。为扭转这种局面:首先,应该建立完善的水资源网络工程体系,实现水资源跨流域跨地区的优化调度,为水资源时空调节创造更有利的环境;其次,努力挖掘开源潜力,特别是对雨洪水的拦蓄利用,在污水处理、回水利用等方面也应有所作为;最后,就是加大节水力度,更新节水观念,改造节水工程模式,实现资源型节水和效率型节水。

## 二、水资源高效开发利用建设模式

本次从开源工程模式、水资源优化调度工程模式和节水工程模式等三个方面,探索鲁北地区水资源高效利用的途径和方法。

### (一)开源工程模式

从水利工程的角度来看,开源的前提是拦蓄,只有将更多的水蓄存起来才能增加水资源可利用总量。但是,当径流量有限时,单纯的拦蓄工程就显得无能为力了。所以,鲁北地区开源工程模式的基本指导思想还得从真实水资源量的计算中寻求。

#### 1.真实水资源量计算及开源模式

根据传统的计算方法,水资源量是由地表水资源量与地下水资源量之和扣除两者重复计算量后得到的,这种方法没有考虑同一水资源的反复使用。在鲁北地区水资源从上游至下游传递的过程中,不断地被拦蓄、使用、排放,同一水资源可能被利用了多次。因此,在计算水资源真实使用总量时采用传统的方法是欠合理的,应该进行修正。如果我们假定原始水资源量(传统计算值)为 $W_0$,修正后的真实水资源量为 $W$,水资源回用率为 $P(0<P<1)$,一年内水资源复用次数为 $n$,则可以建立以下公式

$$W = W_0(1 + P + P^2 + \cdots + P^n)$$

理论上 $n$ 可以取无穷大,所以

$$W = \frac{W_0}{1 - P} \quad (n \text{ 为无穷大时})$$

根据以上计算,我们可以知道增加水资源利用总量至少有三条途

径,即增加原始水资源量 $W_0$、提高水资源回用率 $P$ 和增加年内水资源复用次数 $n$。所以,鲁北地区开源工程模式的基本思想可确定为:充分利用当地降水,兴建各类拦蓄工程蓄存地表径流及客水资源,防治水污染,提高污水处理率和水资源回用率,改善生产工艺,增加水资源复用次数。鲁北地区开源工程模式如图 6-3 所示。

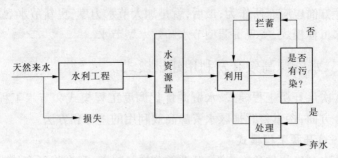

**图 6-3　鲁北地区开源工程模式**

2. 拦蓄工程建设

拦蓄地表径流量是增加原始水资源量最直接的办法,而根据鲁北地区的特点,适宜的蓄水设施包括河道拦河闸、平原水库、河口水库、坑塘及地下水库等。

1)充分利用地下库容蓄水

(1)兴建地下水回补促渗工程。

鲁北地区远离黄河的部分县(市)区,如冠县、临清市、武城县、德城区等,因引用黄河水不便,地下水连年超采,已形成大面积漏斗区,造成局部水环境恶化。所以,在这些漏斗区兴建地下水回灌补源工程(调水工程、蓄水工程、促渗工程)已提上重要日程,这也是鲁北地区充分利用地下库容的主要手段之一。

据统计,鲁北地区适宜利用地下库容的区域面积约 2 万 $km^2$,平均每米降深可蓄水约 10 亿 $m^3$,所以地下库容的利用潜力十分可观。从土地资源保护角度考虑,与建平原水库相比,地下水库显然能节约耕地。举例来说,一个 1 亿 $m^3$ 库容的平原水库,在蓄水深度 4 m 左右时占地近 4 万亩,按 500 元/亩计,则年减少占地效益达 2 000 多万元,所以应首先用好地下库容,然后兴建地表蓄水设施。

再从生态恢复的角度分析,建设地下水库可以充分利用天然降雨,地下水在耗费较低成本的情况下得到回补,地下水环境逐渐改善。粗略分析,建设相同容量的地下水库和围坝式平原水库,前者较后者开源成本低 1/3 左右。

(2)扩大井渠结合及井灌补源模式的控制面积。

在鲁北地区大力推行井渠结合及井灌补源模式,既是节水的需要,也是高效开发利用水资源、充分利用天然降雨的需要。通过对地下水位的调控,汛前调节地下库容,汛期接纳天然降雨,达到充分利用多余洪水的目的。

在井渠结合灌区,机井应合理布局,以使汛前能将地下水位埋深普遍降至 6 m 或更深一些。这样操作,能够充分利用天然降雨补给地下水,结合其他措施尽可能控制入海水量。

根据不同历史时期的资料分析,鲁北地区地下水的补给量为 29 亿~33 亿 $m^3$,其中降雨补给量约占 82%,黄河侧渗补给量约占 2%,灌溉回归补给量约占 16%。今后应通过各种工程措施(井渠结合灌溉、输水防渗工程等)和非工程措施(节水灌溉制度等)减少灌溉回归补给量,增加降雨入渗补给量。

2)大力推行坑塘蓄水、拦蓄多余洪水

在聊城市、德州市及滨州市西部等地下水质较好的区域大力推行坑塘蓄水,作为解决农业用水问题的措施之一,坑塘蓄水可以充分利用汛期洪水扩大供水能力、改善生态环境,小型分散的蓄水设施容易做到分布合理,供水方便,成本低,输水距离较近,为实施农业节水和回补地下水创造条件,坑塘蓄水的过程还可起到滞洪的作用,可以减轻河道的防洪压力,一举多得。由于鲁北地区已经形成了良好的引黄输水系统,有些洼地和老坑塘稍加整理便可形成相当大的蓄水规模,将坑塘和引黄灌、排系统沟通,在黄河有水时引黄补水方便,在蓄水位控制得当的条件下对周边环境不会产生影响。所以,今后仍应大力推行坑塘建设,配合现有拦河闸控制河道径流,以基本不出现入海洪水为目标。

3）结合河道治理及洪水调度辅助开源

河道作为一种基础设施,在以往的"工程水利"阶段,其主要功能是排洪除涝,在"资源水利"阶段则应赋予更多的功能。也就是说,河道通过配套工程建设并加以科学管理,在确保排洪除涝的条件下,能够集排(洪、涝)水、蓄水、养殖、美化环境、供水、地下水回灌、涵养水源等于一体。为此,今后应结合河道治理增加开源能力,对有条件建闸的干、支流河道(河段)继续建闸;对于现有的闸坝则采用清淤、拓宽或加深河槽的方法进行增容;与此同时,将河道与漏斗区的回灌促渗工程、平原水库、河口水库等联合起来,成为一个联合体,既可以分洪,也可以增加蓄水量,从而提高汛期多余洪水的利用率。

4）积极稳妥兴建平原水库,以进一步调蓄黄河水

受黄河断流、来水量减少的影响,过去的十多年鲁北地区平原水库建设再掀高潮,特别是位于黄河三角洲的东营市和胜利油田主要是靠引蓄的黄河水维持生产和生活,对东营、滨州两市(地)在黄河来水分布不均的情况下,引黄平原水库建设是解决水资源问题的主要措施。

目前,由于投资力度不够,平原水库建设存在的主要问题是工程质量问题,如边坡的防护、防渗措施等;另一个问题是蓄水深度普遍太小,从长远考虑,造成了土地资源的浪费。所以,对平原水库工程建设要考虑四个主要问题:一是合适的规模,二是蓄水布局合理,三是确保工程的质量(护坡、坝基和坝体的防渗等),四是蓄水深度要通过优化设计确定。

3. 回用工程建设

水资源回用从水质角度大体上可分为污水回用、中水回用和原水回用。污水回用是指对工业生产排放的已被污染的水资源经水质处理后重新进入生产程序,从而提高水资源的利用率;中水回用是根据不同用水行业所需水质存在差异的特点,尽可能按质供水,并且在允许的条件下实现高一级用水行业排水向低一级用水行业供水,在此过程中简单的处理是可以的,结果是提高了水资源的利用效率;原水回用则主要指基本无污染的行业(如景观、旅游、农业等)采取对原始水资源反复利用的措施,减少新增水资源的使用量,同时提高水资源

的利用率。对鲁北地区而言,同时提高以上三类水资源回用水平是有难度的,只能在全区统一规划的前提下分步骤进行。目前,可采取以下几项措施。

1)提高污水处理率和劣质水利用率

污水是一种资源,污水治理是一种产业,它不仅可以节约水资源,还可以确保区域水资源的高效开发利用和水环境的良性循环。根据水利部、海河水利委员会的要求,山东省水利厅正在组织编制鲁北地区生态环境恢复水资源保障规划,治理污染应是该规划的主要内容之一。只有按照规划,在适当位置建设一定规模的污水处理厂,彻底解决鲁北地区 3 条骨干河道的污染问题,其他开源措施、水资源的配置调度等才能够顺利实施。

鲁北地区有 1 万 $km^2$ 的地下浅层咸水区和近 593 km 的海岸线,苦咸水淡化和海水淡化无疑也是解决该地区水资源缺乏的一大途径。

2)扩大中水回用规模

中水回用目前主要集中于大中城市,而且仅限于新建高档小区内,尚未大面积推广。但是,作为城市水资源开发利用水平的一项标志,中水回用应当列入城市供水管网改造的日程。在鲁北地区不失时机地推广中水道技术是可行的,也是必需的。

3)科学利用地下水

鲁北地区原水回用应以科学利用地下水为主,原因是地表水利用既方便又经济,用水户侧重于地表水的利用而往往忽视地下水与地表水的联合调度,致使地下水开采强度分布极为不均。在远离黄河的县(区)地下水严重超采,形成大面积地下水漏斗,而在黄河沿岸地下水并没有充分利用,几大引黄灌区的渠首地带地下水埋深常年维持在 2 m 左右,年可利用量达 5 亿 $m^3$。今后应对机井进行科学合理的规划布局,并制定有关鼓励开采地下水的经济科学的政策,充分利用地下水,只有这样才能充分利用各种水资源,尽可能满足各方面的需要。汛期充分利用地下库容接纳降雨,提高地表水与地下水转化频次,同时也可以削减汛期洪水流量。

4. 改善生产工艺建设

对于生产中的流程进行深入细致的分析,不断压缩原始水资源耗损量,尽可能增加水资源回用的环节。该项工作目前在水利部门还处于起步阶段,可结合用水定额制定工作一起开展,所以本书不准备做更多的叙述。

### (二)水资源优化调度工程模式

鲁北地区水资源利用率已达到较高的程度,在采用传统方法又难以继续提高的情况下,建设水资源网络工程体系,实行水资源优化调度已是大势所趋。鲁北地区通过水资源网络工程体系的建立,实现该区的水资源优化调度。

水资源网络工程体系,就是采用现代工程技术、现代信息技术和现代管理技术,以联成网状的水利工程为基础、以水资源优化配置方案为指导、以法制法规为保障建立起来的现代化水利系统工程体系。它可以实现水资源在时间、空间以及部门间的重新分配,进而按照社会发展的需求达到水资源的高效、可持续利用。

鲁北地区水资源网络工程体系是山东省现代化水资源网络工程体系的一部分,总体构想是:以徒骇河、马颊河、德惠新河、引黄干渠及引江干渠等为调水大动脉,以其他小型河流、沟道及灌溉渠道为经络,以闸坝、平原水库、塘坝等各类蓄水设施为调蓄中枢,形成水系联网,多库(平原水库)串联,城乡一体,配套完善,集蓄、滞、泄、排、调、供、节于一体的鲁北地区水利工程网络。在工程建设的基础上,还要形成流域、地市、县、乡各级配套的水资源优化调度方案及相应的法制法规体系,逐步实现多水源、多工程、多用户联合调度、优化配置和高效利用的局面。

### (三)节水工程模式

在水资源极度短缺的情况下,节水是缓解供需矛盾的有效措施之一。由于水资源的转化性和流动性,节水的效果并不能在静态下去简单地评价,应该在"资源型水利"思想下有新的认识。所以,要对真实节水量有所明确。

真实节水量的概念是"资源水利"思想的衍生物,它突破了过去评价节水效果限于单一工程的模式,进而将其放在一个完整的水资源系统中去考虑,此时的节水效果更具真实性。我们知道,水资源在利用过程中逐渐损耗,有的损耗是不可回收的,如蒸发、蒸腾、入海等,有的损耗是可以回收的,如灌溉回归量等。所以,当仅在取水口减少了一部分水资源利用量,而并未在利用过程中降低不可回收水量的损耗强度时,那么真正节约的水资源量是有限的,可利用公式来进一步加以说明。

假定
$$W_{用} = W_{生} + W_{蒸} + W_{回}$$
$$W_{节用} = W_{节生} + W_{节蒸} + W_{节回}$$

式中:$W_{用}$为水资源利用总量;$W_{生}$为目前技术水平下最低的生产用水量;$W_{蒸}$为不可回收损耗量;$W_{回}$为可回收损耗量;$W_{节用}$、$W_{节生}$、$W_{节蒸}$、$W_{节回}$则是采取节水措施以后相应的参数。

假定$W_{用}$、$W_{生}$、$W_{蒸}$、$W_{回}$分别为100亿$m^3$、40亿$m^3$、30亿$m^3$、30亿$m^3$,$W_{节用}$、$W_{节生}$、$W_{节蒸}$、$W_{节回}$分别为80亿$m^3$、40亿$m^3$、25亿$m^3$、15亿$m^3$。节水量传统的算法是$W_{用} - W_{节用} = 100 - 80 = 20(亿\ m^3)$,这是表面节水量;真实节水量的算法是$(W_{生} + W_{蒸}) - (W_{节生} + W_{节蒸}) = (W_{生} - W_{节生}) + (W_{蒸} - W_{节蒸}) = 5$亿$m^3$。

如果在水资源利用过程中提高了生产技术,用水定额得到降低,还加强了对不可回收损耗量的控制,此时$W_{节用}$、$W_{节生}$、$W_{节蒸}$、$W_{节回}$分别为70亿$m^3$、35亿$m^3$、20亿$m^3$、15亿$m^3$,则真实节水量为$(W_{生} - W_{节生}) + (W_{蒸} - W_{节蒸}) = 15$亿$m^3$。这就表明,降低用水定额及减少不可回收损耗水量都属于真实节水量的范畴。

由上可知,要实现真正的节水,一方面可以通过改善生产工艺、提高技术水平,从而压缩单位产品的用水定额;另一方面,可以采取覆盖、拦蓄等措施以减少不可回收损耗量。鲁北地区节水工程模式如图6-4所示。

## 三、鲁北农灌区节水工程模式

在水资源开发利用中,开源应与节流并重。正如前文所述,鲁北地区实现水资源的高效利用,节水仍具有较大的潜力。这时,对作为最大用水户的农业灌溉的改造就显得格外重要。本次从鲁北地区农业灌区

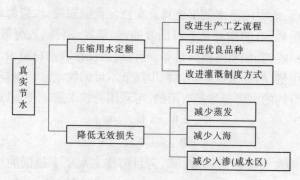

图6-4　鲁北地区节水工程模式

的现状出发,探讨适宜于鲁北地区不同类型灌区、不同下垫面条件的节水工程技术模式。

**(一)鲁北地区农灌区基本情况及节水改造的必要性**

1.鲁北地区农灌区基本情况

鲁北地区农灌区为多水源灌区,水源包括引黄水、当地地下水、地表水,以及少量引金(金堤河)水、引卫(卫运河)水等。大部分为引黄灌区所覆盖,目前全区共有万亩以上引黄灌区 26 处,设计引水能力 1 114 $m^3/s$,设计灌溉面积 2 400 多万亩。在引黄灌区内的井渠结合灌区及井灌补源灌区分布有农灌机井 23 万多眼,配套约 21 万眼。由于井渠结合灌区、引河灌区基本都分布在引黄灌区内,因此本章主要讨论引黄灌区的节水问题。

总的来说,鲁北地区为发展灌溉,各地区在 3 条河道的干流上陆续兴建了 41 座拦河闸;为开发利用黄河水资源,发展引黄灌溉、供水,陆续兴建了万亩以上引黄灌区 26 处;为调蓄黄河水,近 20 年来兴建了大批中小型平原水库,总库容达 6 亿多 $m^3$。

2.节水改造的必要性

鲁北地区发展节水事业,对目前的灌溉模式进行改造具有极大的必要性。

(1)鲁北地区是全省水资源最贫乏的地区,为山东省最小降水区。虽然南水北调东线工程已经开工建设,但能补给的水量有限。20 世纪

90年代(特别是1992年、1997年黄河长时间断流)的实践已经证明,供水不足已严重制约了社会、经济的发展及人民生活水平的提高,全面节水势在必行。由于农业用水超过总用水量的3/4,所以节水潜力最大的仍然是农业灌溉。

(2)鲁北地区自20世纪70年代以来,主要依靠引黄河水灌溉,在山东省其他地区已经开始探索各种节水灌溉新技术的70年代,恰是鲁北地区大力发展引黄灌溉的时期。在过去十多年的连续干旱过程中,黄河水对鲁北地区的工、农业生产和生活发挥了关键性的作用,特别是滨州市东部和东营市,由于缺乏地下淡水,没有黄河水就失去社会经济发展的支撑。但黄河进入山东的径流量已明显减少,而20世纪90年代黄河频频断流致使鲁北地区遭受了巨大的经济损失,成为受黄河断流影响最大的区域。现实让人们逐渐认识到黄河越来越不可靠。

(3)在水资源供需矛盾十分紧张的情况下,引黄灌区水资源的浪费现象却又十分严重,亩次毛用水量一般仍在95~120 $m^3$,大部分农灌区的灌溉水利用系数仅为0.4~0.5,在全省各类灌区(井灌区、库灌区等)中是最低的,主要原因是引黄灌区一般面积较大(全省大型引黄灌区的大部分在鲁北,如位山、潘庄、李家岸、邢家渡、簸箕李、小开河、韩墩、王庄等灌区),基本上是土渠灌溉,水源与受水区的距离远等。可见,对灌溉工程进行节水改造是当务之急。

(4)农灌区节水在全省处于十分落后的状态。鲁北地区节水灌溉面积不到全省节水灌溉面积的10%,与省内其他地区居国内领先地位的科学研究、技术推广、节水工程的控制面积等相比,也处于比较落后的水平。分析其原因,主要来自三个方面:一是鲁北灌区有较好的引黄条件,在黄河出现长时间断流之前的几十年内黄河水有保证,且引黄灌溉的费用较低,没有形成良好的节水意识,而山东省其他地区开始节水灌溉研究一般始于20世纪70年代,至80年代中期形成高潮;二是引黄灌区大部分属于经济欠发达地区,投资能力差;三是引黄灌区的工程系统十分复杂,引黄水中含有泥沙,与一般井灌区、水库灌区、湖灌区相比,节水技术的研究难度较大。虽然山东省在节水技术研究方面投入的人力、财力很大，但真正针对鲁北引黄灌区开展得并不多，导致该地区节水技术的研究与推广处于相对落后的状态。今后怎样根据鲁北引黄灌区的特点推行科学、经济、适合当地条件的节水模式是亟待研究解决的课题，也是山东省节水工作的一个重要组成部分。

### （二）节水改造工程模式

农田灌溉节水涉及许多工程措施及技术环节，如输水系统的防渗、田间灌水技术、节水灌溉制度、畦田改造、化学保水剂、覆盖等，限于研究重点，本次仅根据鲁北灌区的特点、水源条件、不同下垫面情况等探讨适宜的工程技术模式。

#### 1. 引黄灌区节水改造工程

在引黄灌区内一般从上游到下游又区分为不同的子灌区，即渠系自流灌区、井渠结合区、河沟网提灌区、井灌补源区等。在全区设计引黄灌溉面积中，现状渠系灌区的设计面积超过了50%，河网提灌面积不足30%，井灌补源面积不足20%。多年的实践证明，在井灌补源区、井渠结合区、河网提灌区，水的利用系数较高；而在渠系自流灌区，因为土渠输水、强制性自流灌溉、大水漫灌等，渠系水的利用系数最低。这种渠系自流灌区控制的灌溉面积过大，井渠结合区及井灌补源区控制的面积比例太小，成为区域上总体水资源利用系数低的一个重要原因。所以，引黄灌区节水应首先对灌溉工程模式进行改造，即压缩自流面积、扩大补源面积及井渠结合面积。

鲁北地区约有2/3面积范围内适合采用井渠结合和井灌补源灌溉模式，这两种模式具有多方面的优越性，如供水适时可靠、节水、农作物产量高、调控地下水位，兼有改碱功能、对雨水的利用率高、生态环境好等，特别是在黄河来水不及时的情况下更能体现出较大的优越性。在20世纪90年代受黄河断流、来水减少所迫，这两种灌溉模式的控制面积已逐年有所增加，今后应结合灌区改造、农田基本建设等，在宜井区尽可能推行这两种灌溉工程模式。

河南省发展引黄灌溉在时间和规模上都滞后于山东省，但在全面总结经验的基础上，大力发展井灌补源模式，补源面积已超过设计引黄灌溉面积的2/3,运行效果良好,对水环境的改善效果明显,成功的经验值得我们很好地借鉴。

采用井渠结合及井灌补源模式不仅具有上述优越性,还可以把黄河以北、徒骇河以南、平阴大桥至簸箕李灌区之间没有得到合理开采的地下水充分利用起来,汛前腾空地下库容,为充分接纳降雨提供条件,并为今后推广更先进、更科学的节水灌溉技术奠定基础。

2. 引黄骨干输水渠道节水改造工程

引黄灌区水的利用系数低的主要原因之一是土渠输水速度慢,输水过程时间较长,水量损失较严重。据分析,土渠灌溉约有40%的水量损失在输水过程中,而且骨干输水渠道年运行时间长(多在120~200 d),骨干渠道两侧一般缺少机井,渗漏的水得不到充分利用,造成地下水位偏高,大大降低了这些地带接纳降雨的能力。所以,引黄灌区的节水改造应首先对骨干输水系统进行科学衬砌,特别是地下水为微咸水、咸水区的渠道要率先衬砌,通过科学衬砌骨干渠道减少渗漏、提高渠道的输水输沙能力,使整个灌区运行灵活,并达到结合用水过程提高输入田间的引黄泥沙量、减少清淤量的目的。

3. 各子灌区适宜推广的节水灌溉技术

(1)渠系灌区多位于整个灌区的上、中游,主要采用浑水(未沉沙的黄河水及部分沉沙后的浑水)自流灌溉,该区域地下水位普遍偏高,不利于提高雨水利用率,现阶段应以衬砌田间渠道(采用矩形、U形、最佳水力断面、直立衬砌等几何形状)为主,通过衬砌减少输水过程中的渗漏损失,并提高输入田间的泥沙量,降低处理泥沙的费用,达到水沙综合利用的目的。这种初级的节水模式比较适合鲁北引黄灌区渠首地带的水源条件和社会经济状况。

有关研究表明,采用浑水灌溉有许多优点,如灌水速度快、节水、改良土壤、水温高、成本低等。所以,在一定范围内应尽量采用具有一定含沙浓度的浑水灌溉。从长远考虑,沿黄一带也不宜采用纯清水灌溉,因长时间纯清水灌溉会造成土壤贫瘠化。

(2)井渠结合灌区有时采用地下水,有时采用引黄浑水或在河沟取水,若采用统一输水系统,则宜采用管道灌溉或衬砌渠道方式改造输水系统,在此过程中同样需要考虑结合灌溉提高输入田间引黄泥沙量的问题。

(3)河网灌区一般采用低扬程提水的灌溉方式,水中往往含有一定量的泥沙,不适合采用喷灌、滴灌技术,应大力推广管道灌溉,其次是衬砌渠道。通过工程改造及扬水机具改造,最大可能地将泥沙输送到田间,达到水沙综合利用、减轻处理泥沙的负担的目的。

(4)井灌补源区一般位于整个引黄灌区的下游,主要从机井中提水灌溉,和一般井灌区没有本质区别,它的水源条件均能够满足目前大力提倡的管灌、微灌技术要求,只要经济条件允许,就应大力推广适宜清水水源的先进的节水灌溉技术。

(5)在高亢、沙化地带(历史遗留的高亢风沙区、引黄沉沙区、清淤弃土还耕区、古河道风沙区等),由于土壤渗透性强,一般难以实施小定额灌溉。在该类地区只要有可利用的地下水,就尽可能采用喷灌方式。因为喷灌的优点之一就是可以实施小定额灌溉。

(6)随着全面建设小康社会步伐的加快,蔬菜面积逐渐增大,由于蔬菜的灌溉定额大,多茬播种,应全面推广滴灌、渗灌等先进技术,否则,种植结构调整难以保证农业灌溉总用水量的零增长。

4.地下浅层咸水区节水改造工程

鲁北约有 1 万 $km^2$ 的地下水为微咸水、咸水,除少部分微咸水可以利用外,大部分咸水、微咸水目前利用难度较大,而且造成地下水位高,容易形成土地盐碱化。这类地区主要分布在滨州市东部及东营市范围内,其他三市(聊城市、德州市、济南市的黄河北部分)相对较少。对这类地片而言,需要引用黄河水或从河道提水灌溉,而渗入地下的水不能再回收利用,因此采用防渗工程节水是真正的资源性节水,应优先发展防渗节水工程,严格控制淡水资源的浪费。在经济条件难以满足全面衬砌的情况下,井渠结合区的防渗则可暂缓实施。

5.鲁北农灌区节水改造模式

综上所述,根据鲁北引黄灌区的特点及各种节水技术对水源条件的要求,鲁北灌区节水改造工程模式可概括为表6-5的形式。

表 6-5　鲁北灌区节水改造工程模式

| 灌区部位 | 节水改造措施及目的 |
|---|---|
| 骨干引黄渠道 | 全面衬砌,减少渗漏,提高输水、输沙能力,推进水利现代化进程 |
| 渠系自流灌区 | 缩小控制面积、衬砌渠道,输沙入田,减少渗漏,水沙综合利用 |
| 河渠网提灌区 | 扩大控制面积、管灌、衬砌,节水,水沙综合利用 |
| 井渠结合灌区 | 扩大控制面积、衬砌、管灌,节水,水沙综合利用 |
| 井灌补源灌区 | 扩大控制面积、管灌、喷灌,节水,改善地下水环境 |
| 高亢砂土区 | 喷灌、管灌、衬砌,减少渗漏,降低灌水定额 |
| 蔬菜区 | 滴灌、渗灌、管灌等 |
| 地下水高矿化度区 | 全面防渗、管灌、衬砌,减少渗漏,大幅度减少不可回收淡水的损失 |

## 四、结论与建议

本次在调查分析鲁北地区水资源及水资源开发利用状况的基础上,本着水资源高效可持续利用的原则,提出了提高鲁北地区水资源开发利用水平的工程措施和非工程措施,为鲁北地区水资源的可持续利用和社会经济的可持续发展提供了科学依据。

### (一)开源工程模式

鲁北地区水资源开发根据当地情况应充分利用当地降水,积极拦蓄地表径流及客水资源,提高污水处理率和水资源回用率,改善工艺,增加水资源复用次数。

鲁北地区引黄灌区,应充分利用地下库容蓄水,积极兴建地下水回补促渗工程,扩大井渠结合及井灌补源灌溉模式面积,逐步压缩渠灌区面积,加强地下水位的调控,采取工程措施尽量减少灌溉回归水量,以便接纳降雨入渗对地下水的补给,充分利用雨洪资源。

### (二)水资源优化调度工程模式

在现状情况下,鲁北地区水资源利用率已经达到较高的程度,传统的方法很难继续提高。本章通过该区水资源网络的建立来实现水资源优化配置,提高水资源利用率。水资源网络工程体系的建立,可联合调度当地雨水、引黄水、引江水、污水处理水、劣质水(微咸水)等,使鲁北地区呈现出多水源供水的局面。在工程建设的基础上,还可形成流域、地市、县乡各级配套的水资源优化调度方案及相应的法制法规体系,逐步实现多水源、多工程、多用户联合调度、优化配置和高效利用的局面。

### (三)节水工程模式

鲁北地区要实现真正的节水,应从真实节水量考虑,一方面可以通过改善生产工艺、提高技术水平,从而压缩单位产品的用水定额;另一方面,可以采取覆盖、拦蓄等措施减少不可回收的损耗量。

总之,鲁北地区水资源高效开发利用,应充分利用当地水及雨洪资源,科学利用黄河水以及将来的长江水,开源与节流并重,防洪与抗旱并举。这样才能保障鲁北地区的水资源高效可持续利用,促进经济、社会和环境的可持续发展。

# 第七章　鲁南经济带水资源可持续利用模式

## 第一节　地理区位及水资源开发利用条件

2008 年,山东省政府发布了《关于印发鲁南经济带区域发展规划的通知》(鲁政发[2008]42 号),标志着该区经济发展正式进入省级层面。根据该规划,鲁南经济带包括日照、临沂、枣庄、济宁、菏泽 5 市 43 个县(市、区),面积 5.05 万 km²。总体目标是依托区域资源、区位优势,以港航路和输油管道等基础设施建设为先导,以提高工业化和城市化水平为核心,加快构建现代产业体系,大力发展循环经济和文化旅游商贸业,增强区域可持续发展能力,实现跨越式发展,努力把鲁南建设成为鲁苏豫皖边界区域新的经济隆起带、山东经济发展的重要增长极。该区主要打造三大经济区:临港经济区(以日照港为依托,建设鲁南临海产业区,突出发展商贸物流业)、运河经济区(以京杭运河为依托,大力发展运河经济,以两大"三角区"城市群为依托加快产业聚集,促进资源型城市转型)和京新沿路菏泽经济区(以工业园区为载体,重点发展能源和煤化工、石油化工、农副产品深加工、商贸物流业)。

鲁南经济带地理位置如图 7-1 所示。

该区水资源总量充沛。区内拥有南四湖、中运河、沂沭河、独流入海四大水系,黄河又从菏泽进入山东,河流、湖泊、水库众多,水资源总量约 166 亿 m³,占全省水资源总量的 54.8%,人均水资源量比全省平均水平高 66%,是山东省水资源最为丰富的地区。但是,该区水资源空间分布极为不均,以南四湖湖西区的菏泽市为例,按照 1956～2000年系列,菏泽市多年平均降水量 656 mm,多年平均天然径流量 6.21 亿

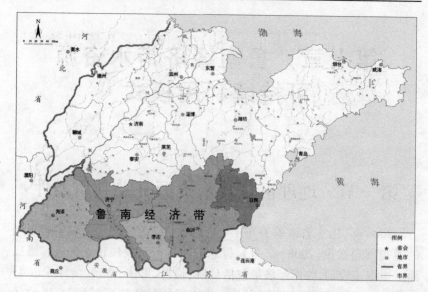

**图7-1　鲁南经济带地理位置**

$m^3$,地下水资源量 16.70 亿 $m^3$,扣除重复计算量,菏泽市水资源总量 20.60 亿 $m^3$,人均水资源量低于 250 $m^3$,在山东省内都属于严重缺水地区。加之水资源利用率低、水污染严重、地下水超采等,该区水资源形势严峻。而位于南四湖以东的临沂市则水资源丰富,多年平均降水量为 818.8 mm,多年平均径流深 100~400 mm,多年平均地表水资源量 46.8 亿 $m^3$,仅地表水资源量就有菏泽市全部水资源量的两倍多。与此同时,临沂市年内降水 70% 以上集中在春夏两季,且多以暴雨形式出现,多数流入江河,加之工程措施不健全、水污染等,水资源开发利用存在诸多问题。

鲁南经济带具有以下特点:一是当地水资源较为丰富,但多以暴雨洪水形式出现,拦蓄利用受工程条件限制较大;二是区域内的南四湖成为南水北调东线工程重要的调蓄设施,地表水环境保护要求高,南四湖滞洪区开发利用有较大潜力;三是水田大量分布,灌溉用水定额较高,调整产业种植结构成为农业节水的重要途径;四是区内煤炭开采形成了大量塌陷地,蓄水后进一步形成大小不一的湿地景观。

# 第二节 水资源可持续利用模式及措施

## 一、水资源可持续利用模式

基于鲁南经济带水资源时空分布不均、水资源利用效率低下、水污染问题严重等实际,提出大力开展节约用水、扩大雨洪水资源化利用、加强水环境保护、多水源优化配置的水资源可持续利用模式。该模式可简称为扩大雨洪水利用模式。

## 二、主要措施

### (一)大力开展节约用水

鲁南地区是全省粮食的主产区,占全省总产量的近40%,有济宁、菏泽两个国家级大型商品粮生产基地。该区农作物面积分布广,农业节水潜力巨大。该区长期沿用旧的灌溉制度和灌水方法,水资源浪费严重,灌溉水利用率仅45%左右,加之灌区配套不完善、工程管理缺失,水资源在输水过程及田间损失较多。针对当地实际,大中型自流灌区应以渠道防渗为主要节水方式;在机井及扬水站灌区,大力推广管道灌溉;高效农业开发区大力推广"三灌"节水工程;极度贫水区推广抗旱保水剂、坐水种等非工程节水措施和蓄水保墒措施;大田内采取"大田改小畦"、"长沟改短沟"、"长畦分段灌溉"方式,实行计划用水、定额用水。山区可以根据压力分区推广各种节水灌溉技术。

鲁南经济带资源优势突出,矿产资源丰富,该区已发现矿产60多种,其中济宁、菏泽、枣庄三市预测煤炭地质储量450亿t,占全省的70%以上。菏泽石油、天然气预测数量分别为16亿t和3 000亿m³。突出的资源优势造就了大量的工矿企业,这些企业是用水大户,也是污水排放大户,开展工业节水对于鲁南经济带水资源的可持续利用意义重大。应通过结构调整淘汰落后的生产工艺,加快能源、煤化工、石油化工、电力、建材、轻工等行业节水技术改造,着力推动工业内部循环用水,提高水的重复利用率。通过各种行政手段加强用水管理、计划用水和严格控制污废水排放,降低工业用水增长率。

## (二)加大洪水资源化利用

鲁南经济带位于沂、沭河流域,该流域具有丰富的地表、地下水资源。水资源无论从总量指标还是平均指标,在全省范围内来说都是相对丰沛的。然而,流域现状水资源综合开发率不足50%。主要原因在于汛期洪水资源的开发利用程度不高,工程措施与非工程措施不得力,造成宝贵的水资源白白流失。根据实测计算,沂、沭河多年平均出省水量28.09亿 $m^3$(超过了菏泽市水资源总量),其中沂河18.77亿 $m^3$、沭河9.32亿 $m^3$。汛期占全年的75%以上,有些年份甚至超过90%。由此可见,开发当地洪水资源对于保证水资源可持续利用具有重要的意义。

为充分合理利用沂、沭河洪水资源,必须采取梯级开发的策略,在沂、沭河干支流适当位置建设一批4～8 m拦河闸坝,层层拦蓄上游洪水,在满足河道生态需水的前提下,最大限度拦蓄过境水量,形成"一河清泉水,一道风景线,一片经济带,一条产业链"。同时,还必须配套相当规模的调蓄工程,将汛期洪水外调。根据该流域自然地理条件,建设大的调蓄工程困难较大,只能考虑利用现有工程(大官庄枢纽、刘家道口枢纽、南水北调东线工程)进行调蓄。根据当地地形地貌及鲁南经济带缺水地区分布及缺水程度,建议采用西线明渠调水:从大官庄节制闸引水,通过明渠输水至南四湖上级湖区,用于保障菏泽经济区的用水。

## (三)加强多水源优化配置,提高水资源承载能力

以南水北调东线工程、南四湖为依托,以各级河渠为纽带,以水库、闸坝为节点,建设河库串联、水系联网、配套完善的供水保障工程网络,将汛期拦蓄洪水通过南四湖调蓄,供给菏泽、枣庄、济宁等地,加之当地地表水、地下水、外来客水及非常规水等多水源的联合调度,改变东西部水资源分布不均的现状,提高水资源的承载能力,保障鲁南经济带社会经济的协调发展。

# 第三节　典型研究：
# 南四湖湖东滞洪区防洪及开发利用模式研究

滞洪区是指受防洪堤保护但遇到较大洪水时用于有计划分洪滞洪的地区。我国多暴雨洪水，洪涝灾害频繁，蓄滞洪区作为防洪体系中的重要组成部分，在缓解重点地区和城市的防洪压力、减少灾害损失方面发挥了十分重要的作用。但同时，由于我国人口众多，不可能专门开辟无人居住的蓄滞洪区，滞洪区同时也是区内居民生存发展的空间，这决定了滞洪区具有特殊地位和性质，移民建镇可以缓解局部地区的问题，但不能解决当地居民生存发展，因此滞洪区的建设和区内居民生存与发展是目前特殊而复杂的问题。据分析表明，目前国内滞洪区的运用也给当地社会经济带来了较大的影响，蓄滞洪区内社会经济发展规模和速度远低于全国的平均发展水平。据 2000 年统计，国内 97 处蓄滞洪区，共有耕地 2 496 万亩，人口 1 610 万人，人均耕地 1.55 亩/人，固定资产 2 372 亿元，人均 GDP 为 6 135 元/人，低于 2000 年全国平均水平 7 000 元/人。有 36% 的滞洪区人均 GDP 达不到全国平均水平的一半。重点蓄滞洪区经济普遍落后，在 38 个重点蓄滞洪区中有 30 个蓄滞洪区的人均 GDP 低于全国平均水平。因此，如何在防洪安全的条件下合理开发利用滞洪区，针对蓄滞洪区防御洪水的能力，提出不同的滞洪区开发利用思路，提高蓄滞洪区的社会经济发展水平是目前重要的研究方向。

南四湖湖东堤超标准洪水滞洪区是沂沭泗洪东调南下整体工程的重要组成部分，湖东堤工程的建成使湖东地区的防洪标准进一步提高，并为南水北调东线工程的顺利实施创造了良好的条件。湖东堤滞洪区包括三段：泗河—青山段，界河—城郭河段、新薛河—郗山段以东区域。湖东堤滞洪区主要作用是减轻下游韩庄运河、中运河防洪的压力，确保南四湖西大堤的安全。目前，湖东堤工程石佛—泗河及二级坝—新薛河按 1957 年洪水(约为 90 年一遇)标准设计，蓄滞洪区堤段是按 50 年一遇洪水标准设计的。湖东堤滞洪区地面高程在 32.79～36.79 m,滞洪区总面积 262.3 km²,涉及济宁市的邹城、微山和枣庄市的滕州、薛城等 4 个县(市、区),共 16 个乡镇、146 个行政村,总人口 24.6 万人。

　　湖东滞洪区是由于湖东堤建设,为处理超标准洪水而新确定的,此前不属于滞洪区范围,而且所有工程都不具备滞洪安全性能,故区内现有房屋、交通道路、通信等基础设施均达不到滞洪防洪的要求,防洪安全问题较为严重。此外,受滞洪淹没等潜在因素的影响,目前滞洪区主要以农业生产为主,区内分布大面积的涝洼地、沉陷区,经济发展比较落后。因此,在完善防洪标准的基础上,寻找滞洪区合理的开发利用模式,实现滞洪区社会经济发展与防洪作用有效发挥相结合的平衡,是目前急需解决的问题。本书在分析目前南四湖湖东堤滞洪区防洪及开发利用方面存在问题的基础上,提出可行的开发利用方案。

# 一、南四湖及湖东堤滞洪区概况

## (一)南四湖流域概况

　　南四湖位于山东省的西南部,从北至南由南阳湖、独山湖、昭阳湖和微山湖等 4 个湖泊串连组成,南北狭长 125 km,东西宽 5～25 km,湖面总面积 1 280 km²(淮河水利委员会,1988 年)。南四湖为浅水型湖泊,湖盆浅平,北高南低,比降平缓,湖内障碍物较多,行洪缓慢。南四湖在行政区划上隶属山东省济宁市微山县,与济宁市的任城区、鱼台县和枣庄市的滕州市、薛城区以及江苏省徐州市的沛县及铜山县接壤。南四湖承担着鲁、苏、豫、皖 4 省 32 个县(市、区)的来水,总流域面积31 700 km²。南四湖流域分布如图 7-2 所示。直接汇入南四湖的大小河流共计 53 条,其中湖东 28 条,湖西 25 条。

　　1960 年南四湖二级坝工程建成后,将它分为上、下两级湖,当上级湖水位为 36.5 m(废黄河高程系,下同)时,相应上级湖湖面面积 609km²;当下级湖水位为 36.0 m 时,相应下级湖湖面面积 671 km²。南四湖水位—库容关系曲线如图 7-3 所示。南四湖特征指标如表 7-1所示。

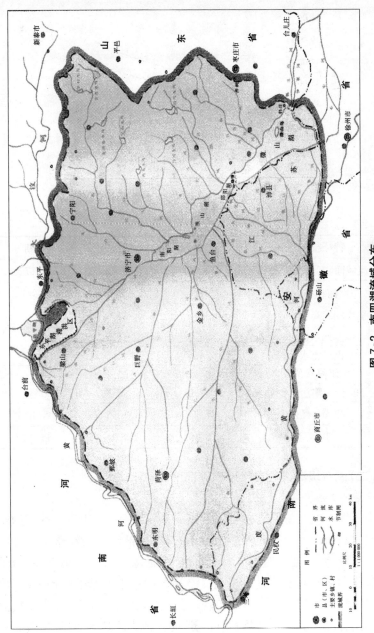

图 7-2　南四湖流域分布

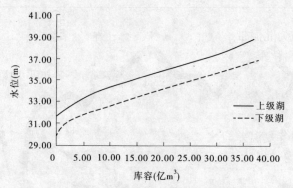

图 7-3　南四湖水位—库容关系曲线

表 7-1　南四湖特征指标

| | 特征指标 | 上级湖 | 下级湖 | 全湖 |
|---|---|---|---|---|
| | 流域面积(万 km²) | 2.75 | 0.42 | 3.17 |
| | 湖面面积(km²) | 609 | 671 | 1 280 |
| | 平均湖底高程(m) | 32.5 | 31.0 | |
| 特征水位 | 死水位(m) | 33.0 | 31.5 | |
| | 汛末蓄水位(m) | 34.5 | 32.5 | |
| | 汛限水位(m) | 34.2 | 32.5 | |
| | 50 年一遇防洪水位(m) | 37.0 | 36.5 | |
| 库容 | 死库容(亿 m³) | 2.25 | 3.45 | 5.70 |
| | 兴利库容(亿 m³) | 6.19 | 4.94 | 11.13 |

## (二)湖东堤滞洪区自然地理概况

### 1. 地形地貌

湖东堤滞洪区位于山东省南四湖湖东堤东侧。该区域地形复杂,地面东北高西南低。东北部多为浅山丘陵,中部沿津浦铁路两侧是山前冲击平原,西部临南四湖为滨湖洼地,地面高程 31.5～36.7 m,滞洪区内从北到南有大小河流 10 余条,较大的入湖河道有泗河、白马河、界河、北沙河、城郭河、新薛河等。这些河道多为源短流急,并分别担负流域内排洪、排涝、引水灌溉及通航任务,防洪能力均达到 20 年一遇。

2. 气象水文

该区域为北温带季风性、大陆性气候,四季分明,春季多风干旱,夏季温湿多雨,秋季寒冷干燥,形成春旱、夏涝、晚秋又旱的自然特点。

据微山县1956~1995年统计资料,区域内多年平均降水量为775.7 mm,历年最大降水量为1 392.9 mm,最小降水量为515 mm,汛期降水量占全年降水量的70%左右。

区域内冬夏温差较大,6~8月气温较高,12月至次年2月气温较低,年平均气温为13.7 ℃,极端最高、最低气温分别为40.5 ℃和−22.3 ℃。历年平均相对湿度为70%,最大湿度为83%,最小湿度为63%。

年平均日照时数为2 178.2 h,最大为5月,平均日照时数为226 h,最小为1月,平均日照时数为134.4 h。年平均霜期为157 d,初霜期一般在10月27日,年最高在10月12日,终霜期一般在4月3日,冰冻期平均为109 d,冻土深度为23 cm。

由于受南四湖的影响,区域内常年主导风向为东南风,但冬季多西风和西北风,春季多西南风。年平均风速为2.9 m/s,4月平均最大,9月平均最小,4月和9月平均风速分别为3.3 m/s和2.2 m/s。

**(三)湖东堤滞洪区社会经济概况**

区内耕地面积24.25万亩,房屋38.11万间,大牲畜8 124头,各类农业机械15 293台,人均占有财产9 398元。主要农作物有小麦、玉米、大豆、稻谷等,作物种植面积40.03万亩,总产量29.6万t,其中小麦11.12万t,玉米10.61万t,大豆2.356万t,稻谷5.516万t。2009年工农业总产值191.3亿元。

据调查,现有大、中、小型企业106个,职工总人数10 086人,厂房面积46.23万 m²,固定资产5.493亿元,年产值42.91亿元,利润7.85亿元,税收1.33亿元。滞洪区内(泗河—青山段)涉及国有大型企业邹城发电厂2处水源地及供水管道长84 km。区内主要的基础设施如下:

(1)学校。学校118所,在校师生5.6万人,校舍面积55.8万 m²。其中中学15所,在校师生1.16万人,校舍面积27.10万 m²;小学103所,在校师生4.5万人,校舍面积28.7万 m²。

(2)医院。各类乡村卫生院、卫生所86处,职工694人,占地面积

9 万 m², 重要仪器 113 台。

(3)粮食、商业网点。粮店(所)17 处, 库存粮食 7.1 万 t, 固定资产 6 652万元;商业网点 169 处, 固定资产 2 848 万元, 流动资金 1 709 万元。

(4)供电供水设施。变电站 181 座, 变电所 76 座, 供电线路长 1 363 km;供水人口 20.14 万人, 日供水量 16 566 t, 供水管网长 1 022 km。

## 二、湖东堤滞洪区防洪、开发利用现状及存在问题

### (一)湖东堤滞洪区防洪工程及调度原则

#### 1. 防洪工程

南四湖上级湖占全湖面积的 47.5%, 承担着 88.4% 流域面积的来水;下级湖占全湖面积的 52.5%, 仅承担 11.6% 流域面积的来水。因此, 上级湖的防洪任务十分艰巨。南四湖有四个泄洪出口, 即伊家河节制闸、韩庄中运河节制闸、老运河节制闸和江苏的不牢河蔺家坝闸。其中韩庄水利枢纽由韩庄泄洪闸、伊家河泄洪闸、船闸及老运河泄洪闸等组成。当韩庄中运河扩大治理工程完成后, 在微山湖水位为 33.5 m 时, 该枢纽工程总泄洪能力可达 2 500 m³/s, 其中韩庄泄洪闸 2 050 m³/s, 伊家河泄洪闸 200 m³/s, 老运河泄洪闸 250 m³/s。

二级坝枢纽工程在拦湖大坝上由东向西建有溢流堰、第一节制闸、第二节制闸、第三节制闸、船闸及第四节制闸(即湖腰扩大泄洪闸)。目前, 湖腰扩大工程未完成, 第四节制闸还未发挥作用, 第一、二、三节制闸担负着汛期由上级湖向下级湖泄洪和正常蓄水期的挡水任务。第一节制闸设计泄量 4 500 m³/s, 第二节制闸设计泄量 3 300 m³/s, 第三节制闸设计泄量 4 620 m³/s。

湖堤工程包括湖西堤工程、湖北堤工程和湖东堤工程, 湖西大堤长 131.5 km, 自石佛至姚楼河, 湖堤长 51.4 km, 大部分堤防已按 20 年一遇复堤标准设计。20 年一遇设计洪水位上级湖 36.5 m, 下级湖 36 m, 堤顶高程 39.29 m, 堤顶宽 6 m;湖北堤(0 +000 — 4 +298)段按防洪 50 年一遇标准实施, 堤顶高程 40.09 m, 顶宽 8 m。

湖东堤从任城区石佛—微山县韩庄总长 124 km, 1999 ~ 2002 年, 先期实施了下级湖二级坝—新薛河、上级湖北沙河—二级坝段共 45.6 km 的筑堤加固工程, 工程总投资 1.17 亿元。续建工程主要包括筑堤

59.121 km,新建和维修加固各类建筑物 152 座,批复工程总投资 7.023 2 亿元。

湖东堤滞洪区地面高程为 32.79～36.79 m,滞洪总面积为 262.3 km²,涉及济宁市的邹城、微山和枣庄市的滕州、薛城等 4 个县(市、区)。据《南四湖湖东堤工程可行性研究报告》(修订)中,提出湖东堤工程按照 50 年一遇和 1957 年洪水(约为 90 年一遇)设计,石佛—泗河及二级坝—新薛河两段按防御 1957 年洪水设计。泗河—青山、垞斛—二级坝及新薛河—郗山按 50 年一遇防洪设计标准。郗山以下至韩庄暂不设防。南四湖湖东堤滞洪区段包括南阳湖泗河—青山、独山昭阳湖垞斛—城郭河段、微山湖新薛河—郗山段。

1) 泗河 青山段

等高线 37.2 m(废黄河高程,下同)以下滞洪库容为 1.43 亿 m³,相应滞洪面积为 119.06 km²。在白马河入湖口 500 m 以内的支流左、右岸堤防设进洪闸各 1 座。最大设计分洪流量 350 m³/s,其中左岸设计分洪流量 250 m³/s,右岸设计分洪流量 100 m³/s。滞洪区启用水位 37.0 m,规划分洪时间 4 d。

2) 垞斛—城郭河段

等高线 37.2 m 以下滞洪库容 1.58 亿 m³,相应滞洪面积 79.44 km²。该区段内有大小河流近 10 条,利用支流沟口封闭涵闸作为超标准供水的进洪口门。最大分洪流量 600 m³/s,其中界河—北沙河段设计分洪流量 350 m³/s,北沙河—城郭河段设计分洪流量 250 m³/s,规划设计分洪流量 450 m³/s,滞洪区启用水位 37.0 m,规划分洪时间 4 d。

3) 新薛河—郗山段

等高线 36.7 m 以下滞洪库容 0.67 亿 m³,相应滞洪面积 33.63 km²。该区段被蒋庄河、大沙河、蒋集河分割为 4 块,最大设计分洪流量 350 m³/s;其中新薛河—大沙河段,利用沟口涵闸分洪,设计分洪流量 160 m³/s,大沙河—郗山段,在蒋集河入河口 500 m 以内的支流左、右岸堤防设进洪闸各 1 座,设计分洪流量 190 m³/s。滞洪区启用水位为 36.5 m,规划分洪时间 2 d。

南四湖湖东堤滞洪区段分布如图 7-4 所示。

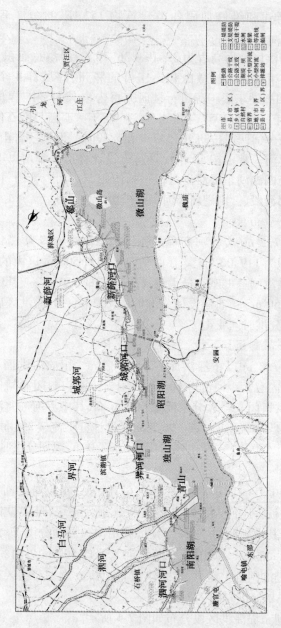

图 7－4　南四湖湖东堤滞洪区段分布

2. 洪水与南四湖水位的关系

据沂沭泗河洪水调度方案,采用 1982 年水利部审定(1994 年、1999 年分别进行了复核)的设计洪水成果。沂沭泗河主要控制站设计洪水调算成果如表 7-2 所示。

表 7-2　沂沭泗河主要控制站设计洪水调算成果

| 洪水重现期 | 项目 | 临沂 | 大官庄 | 南四湖 | 骆马湖 |
|---|---|---|---|---|---|
| 20 年 | $Q(\text{m}^3/\text{s})$ | 12 000 | 7 500 | 9 100 | 10 800 |
| | $H(\text{m})$ | 69.03 | 54.66 | 36.50/36.00 | 25.00 |
| | $W_7(亿\,\text{m}^3)$ | 22.72 | 17.39 | 42.12 | 40.74 |
| | $W_{15}(亿\,\text{m}^3)$ | 33.38 | | 68.90 | 76.49 |
| | $W_{30}(亿\,\text{m}^3)$ | | | 80.58 | 109.39 |
| 50 年 | $Q(\text{m}^3/\text{s})$ | 16 000 | 8 500 | 11 400 | 13 400 |
| | $H(\text{m})$ | 69.65 | 55.95 | 37.00/36.50 | 25.00 |
| | $W_7(亿\,\text{m}^3)$ | 29.34 | 29.66 | 52.34 | 43.78 |
| | $W_{15}(亿\,\text{m}^3)$ | 42.54 | | 85.24 | 87.08 |
| | $W_{30}(亿\,\text{m}^3)$ | | | 102.23 | 127.65 |

注:临沂的控制断面为祊河口,大官庄的控制断面为人民胜利堰闸上。$Q$ 为流量;$H$ 为水位;$W_7$、$W_{15}$、$W_{30}$ 分别为最大 7 d、15 d、30 d 洪量;南四湖水位为上级湖水位/下级湖水位。

由表 7-2 可以看出,南四湖 20 年一遇的洪水流量为 9 100 m³/s,上级湖洪水水位 36.50 m,下级湖洪水水位 36.00 m,最大 7 d 洪量为 42.12 亿 m³。南四湖 50 年一遇的洪水流量为 11 400 m³/s,上级湖洪水水位 37.00 m,下级湖洪水水位 36.50 m,最大 7 d 洪量为 52.34 亿 m³。

3. 湖东堤滞洪区运行调度原则

(1)当上级湖南阳站水位达到 34.2 m 并继续上涨时,二级坝枢纽开闸泄洪,视水情上级湖洪水尽量下泄。

预报南阳站水位超过 36.5 m,二级坝枢纽敞泄。当南阳站水位超过 36.5 m 时,湖东滞洪区开始滞洪。

(2)当下级湖微山站水位达到 32.5 m 并继续上涨时,韩庄枢纽开闸,视南四湖、中运河、骆马湖水情,下级湖洪水尽量下泄。当预报微山站水位不超过 36.0 m,如中运河运河站水位达到 26.5 m 或骆马湖水位达到 25.0 m 时,韩庄枢纽控制下泄。

预报微山站水位超过 36.0 m,韩庄枢纽尽量泄洪,尽可能控制中运河运河站流量不超过 5 500 m³/s。

当微山站水位超过 36.0 m 时,韩庄枢纽敞泄,滞洪区开始滞洪;在不影响徐州城市、工矿安全的前提下,蔺家坝闸参加泄洪。

### (二)滞洪区防洪现状及存在问题

湖东滞洪区是由于湖东堤建设,为处理超标准洪水而新确定的,以前不属于滞洪区范围,而且所有工程都不具备滞洪安全性能,故区内现有房屋、交通道路、通信等基础设施均达不到滞洪防洪的要求,工程现状及存在问题主要有以下几个方面:

(1)防洪基础设施缺少,已有设施陈旧,工程标准低,远达不到滞洪区的防洪要求。

目前,滞洪区内无庄台、避洪台、避洪楼等就地避洪措施,滞洪安全设施基础很差。滨湖排灌站机电设备已经运行多年,设备老化失修,不能适应滞洪后回复生产排洪的需要;田间排水系统不健全,现状防洪排涝能力较低,并且目前可利用的撤退道路仅有 113.13 km,为 20 世纪 60～90 年代修建,只有济微路和邹微路标准较高,其他多数为土砂路,少数为柏油路,路面宽度 2.0～10.0 m,经多年运行,路面破损严重,作为避洪撤退道路,路况较差,标准低,无法满足群众安全、及时转移的需要。

(2)通信报警设施差,严重影响滞洪报警、调度的需要。

通信报警系统覆盖面广,预警通信畅通,信息传递快,可以为群众安全撤退和就地避洪争取时间,是滞洪区内必不可少的防洪手段。湖东堤滞洪区总面积 262 km²,包括 16 个乡镇 146 个行政村,滞洪量约 3.9 亿 m³。如此大面积滞洪区内无线电台基地、超短波电台却极少,现仅有通信线路 957 km,广播线路 305 km,程控电话 10 234 部,对讲机 5 部,移动通信车载 3 台,并且由于滨湖涝洼地和地面沉陷的影响,部分通信线路遭到严重破坏,为滞洪区防洪、移民带来隐患,无法满足滞洪报警、调度的需要。

（3）无专门滞洪管理机构。

目前，滞洪区无专门的滞洪管理机构，因此无法充分履行滞洪区的管理职能。滞洪区的运行调度及管理面临多重问题。首先，湖东堤滞洪区涉及 16 个乡镇 146 个行政村，大约 26.8 万人，人口较多，并且在滞洪区内分散居住，分洪转移安置任务巨大。其次，滞洪区内人口以农村群众为主，文化程度相对较低，经调查，多数居民对滞洪区的概念并不理解，避洪意识较弱。因此，成立专门的滞洪管理机构，安排一定数量的人员深入农村，广泛进行宣传教育，使广大群众从思想上真正增强防洪避洪意识，对于安全撤退迁移、减少伤亡具有重要的作用。最后，避洪期间做好撤退转移、维护好交通秩序、安排转移群众的接待工作以及灾区群众返回及采取减灾措施等多方面的问题，均需要专门的管理机构负责筹划安排，因此成立南四湖专门的滞洪管理机构显得极其必要。

**（三）开发利用现状及存在问题**

（1）滞洪区产业结构以农业种植为主，经济落后。

经过社会经济状况调查，湖东滞洪区 4 个县（市）16 个乡镇，产业结构主要以农业生产为主，耕地面积 24.25 万亩，大牲畜 8 124 头，各类农业机械 15 293 台，人均占有财产 9 398 元，主要农作物有小麦、玉米、大豆、稻谷等。区内有中小型企业 106 家，无旅游风景建设，居民的经济收入主要依靠农业种植和渔业养殖，经济比较落后。

（2）湖东堤滨湖地面高程低于南四湖常年蓄水位，形成大面积滨湖涝洼地，造成农田破坏，农业产量严重下降。

湖东堤滞洪区的高程为 31.50~36.79 m，其中泗河—青山段滞洪区地面高程为 31.50~36.79 m，界河—城郭河段地面高程为 32.0~36.79 m，新薛河—郯山段地面高程为 31.5~35.79 m。

南四湖上级湖湖底高程 32.30 m，死水位 32.80 m，下级湖湖底高程 30.80 m，死水位 31.30 m。南四湖的年内水位变化主要受入湖水量过程和用水的影响，其中用水又以农业灌溉用水的影响为主。上级湖多年月平均水位变化趋势见图 7-5，下级湖多年月平均水位变化趋势见图 7-6。

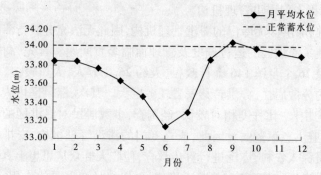

图 7-5　上级湖多年月平均水位变化趋势

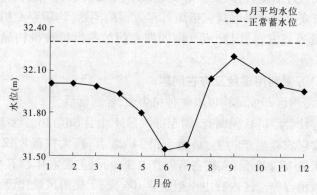

图 7-6　下级湖多年月平均水位变化趋势

可以看出,南四湖上级湖水水位在 33.18～34.05 m 波动,正常蓄水位为 34 m,年平均水位为 33.60 m;下级湖常年水位在 31.55～32.20 m 波动,正常蓄水位为 32.30 m,年平均水位为 31.90 m,均高于湖东堤滞洪区滨湖地面高程 31.50 m。经分析,泗河—青山段滨湖地面高程低于湖年平均水位 2.10 m,界河—城郭河段滨湖地面高程低于湖平均水位 1.60 m,新薛河—郗山段滨湖地面高程低于湖平均水位 0.40 m。因此,三个滞洪区均存在一定面积的滨湖涝洼地,北部二段滞洪区涝洼地面积较大,南部新薛河—郗山段滞洼地面积相对较小。涝洼地无法进行农田耕作,大部分均已荒废,造成当地居民农业减收。

(3)湖东堤滞洪区煤矿资源丰富,大面积高强度的煤田开采造成了地面沉降,形成大面积沉陷区,同时引起湖东堤沉降,影响防洪安全。

南四湖湖区及湖东堤滞洪区煤炭资源丰富,在东南沿海和省内能源工业中占有重要的地位,是国家重点开发的能源基地之一。2009年上半年,全市煤矿共生产原煤4 011万t,商品煤销售量4 010万t,同比增加36万t,增长5.3%。6月底,全市煤炭企业煤炭库存50万t左右,处于正常水平。上半年全市煤炭企业完成销售收入337亿元,实现利税78亿元。

在带来巨大经济效益的同时,煤炭产业带来了严重的土地沉陷。南四湖流域的采煤沉陷范围涉及曲阜、兖州、邹城、微山、任城等8个县(市、区)20多个乡镇300多个村庄,已形成采煤塌陷地2.5万 $hm^2$,沉陷面积以每年1 300 $hm^2$ 以上的速度增加,沉陷深度大约每年50 cm。经调研,目前仅微山县留庄镇沉陷面积达到6 000亩,面积仍然在逐年扩大。沉陷区为当地居民带来了严重的影响,部分房屋、电线倒塌,农田破坏。湖东堤坝也因此受到塌陷区的影响,造成堤坝变形,安全系数降低。

(4)滞洪区河流水质污染严重。

随着南四湖流域工业、城市、矿区的发展,全区水环境质量不断下降,长期检测资料表明,滞洪区内的主要入湖河流均呈现不同程度的污染,水质最好的河流仅达到国家地表水质Ⅳ类标准,大部分河流水质均超过Ⅴ类标准。通过调研分析,南四湖的水质已经由20世纪80年代的轻污染型转变到现在的中污染—重污染型,而且近年来,铅、镉、砷、汞等重金属在水质、底质和水产品中均有检出。按照水质影响参数、藻类与底栖动物及浮游动物优势种评价,南四湖是一个蓝藻－隐藻型的富营养化湖泊。

## 三、湖东堤滞洪区开发利用模式及建设内容

### (一)滞洪区防洪安全建设内容

滞洪区安全建设的原则是:既能及时有效滞洪,又能保障区内居民安全,充分利用现有工程,做到因地制宜,全面规划,合理布局,突出重点,平战结合,分期实施。当按设计标准正常滞洪时,使群众生命安全

有保障,减少财产损失。

滞洪区防洪安全建设的措施主要有避洪楼、撤退道路、庄台、避洪台、通信报警系统等。

1. 避洪楼

避洪楼实用性强,占有耕地少且有利于灾后恢复,非滞洪期可作为商业、敬老院、幼儿园、学校等用。经实测,湖东区内的 126 个行政村,地面高程大都在 34.79 m 以上(水深小于 2 m),滞洪时间短,经济条件较好,适宜修建避洪楼。安全层高程 38.29 m,超过设计洪水位(36.79 m)1.5 m,人均占有面积 3 m²,共修建避洪楼 509 幢,安全层面积 599 775 m²,安置人口 19.99 万人。

2. 撤退道路

济宁市微山县的鲁桥镇、两城乡、马坡乡、留庄镇和枣庄市滕州的滨湖镇、大坞镇、级索镇等 7 乡(镇)21 个村庄,地处低洼,邻近湖区,地面高程为 33.2 ~ 34.79 m,滞洪时间较长;邹城市郭里镇、太平镇、石墙镇、北宿镇等 4 镇 14 个村庄,人口较多。上述村庄共有55 323人撤离至安全地点,需新建主干撤退道路(混凝土路面,6 m 宽)59.623 km,改建主干撤退道路 27.038 km,新建村内砂石支道路(3.5 m宽)105 km,新建大中型桥涵 62 座。

3. 庄台

微山县境内满口村靠近湖区,受湖水影响相对频繁,拟修建庄台。根据淮河水利委员会要求,人均占有面积 30 m²,庄台面积 175 530 m²,顶面高程 38.29 m,安置人口 5 447 人。

4. 避洪台

与庄台相比,避洪台工程量小,可供附近群众滞洪时临时躲避,或放置重要物品。微山县塘湖乡郗山村,靠近山丘,借地形在山坡较缓处修筑避洪台,临时避险。台顶面积 26 400 m²,高程 38.29 m,安置人口 8 800 人。

5. 通信报警系统

通信报警系统覆盖面广,预警通信畅通,信息传递快,可以为群众安全撤退和就地避洪争取时间。需新增设无线电台基地 6 处,超短波电台 39 台,对讲机 512 部,移动通信车载台 39 台,报警器 265 台,报警车 6 辆。

### (二)"台田-鱼塘"农业发展模式

滨湖地区涝洼地以及塌陷区的影响造成滨湖地区的水域面积增大,在较浅的涝洼地区可以改变种植结构,种植水稻或者浅水莲藕,但大部分滨湖涝洼地区存在较大的水深,无法进行种植。因此,传统的农田耕作方式无法满足湖东堤滞洪区的生产要求。经过调研,根据当地政府部门及居民的想法,目前所采用的最现实的方式则是针对实际情况进行涝洼地改造,参考现状湖区内"台田-鱼塘"的发展模式进行建设,将农业种植与渔业养殖有机结合起来,发展当地的经济,提高人民的生活水平。

"台田"模式即通过开挖鱼塘、修筑农田的方式,将台田、鱼塘、稻田、藕塘、排碱沟等组成具有良性循环过程的生态农业系统。"台田"模式存在三种类型,分别为一元结构、二元结构与三元结构。一元结构即条田模式,是最简单的模式,由狭长的台田和排碱沟组成,台上种植作物,台下排水排碱,如图7-7所示;二元结构是由台田和鱼塘构成的相关联系的系统,是一种更具有良性循环过程的立体种养农业模式,台田、鱼塘和道路的比例主要是 442 结构布置,如图7-8所示;三元结构是由台田、稻田和鱼塘三大要素构成的相互作用的多层立体农业种养系统,其中稻田、鱼塘、台田和道路的比例主要包括 5691、5781、6543 等格式,如图7-9所示。

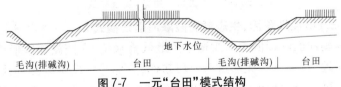

地下水位

毛沟(排碱沟)｜　台田　｜毛沟(排碱沟)｜　台田

**图7-7　一元"台田"模式结构**

湖东堤滞洪区可以根据自身的特点,选择不同的"台田"模式进行应用。经调研,建议采取二元"台田-鱼塘"模式,"台田-鱼塘"模式可以将种植和养殖有机结合起来,较三元模式的结构简单,建设方便,具体的发展模式如图7-10所示。

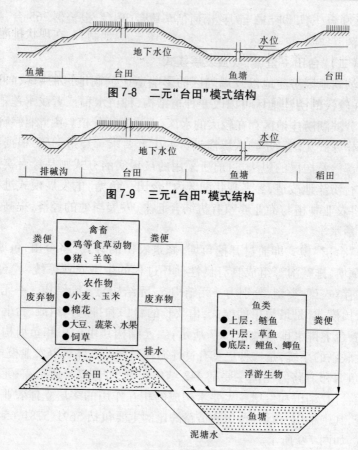

图 7-8　二元"台田"模式结构

图 7-9　三元"台田"模式结构

图 7-10　"台田 – 鱼塘"发展模式

### (三)涝洼地整治,生态顺堤截渗河建设模式

　　滨湖地面高程低于南四湖常年最低蓄水位,在滨湖地区形成大面积涝洼地,目前已经无法进行农田耕作,大部分均已荒废,严重影响了农业耕种。目前采取的主要措施是修建排灌站,以留庄镇为例,现状涝洼地面积 2 万亩,目前留庄镇共有排灌站 23 个,每个站排水电费 3 000元左右,年排水电费 82.8 万元,但是仍然无法解决涝洼地问题。因此,合理地进行涝洼地整治,正确处理排、灌、蓄的关系是目前亟待解决的问题。

　　滨湖涝洼地主要集中在泗河—青山和界河—城郭河二段滞洪区内,开发治理的措施可以分为两种情况:其一,因地制宜,在现状排灌系统的基础上,完善排水工程,同时进行作物种植结构的调整,逐步实现涝洼地的改良和利用;其二,根据地形坡度,沿着湖东大堤建设一条生态顺堤截渗河,可将拦蓄的湖内渗水直接通过顺堤河排入下级湖,保证滞洪区内的农田,从根本上解决滨湖涝洼地的问题。生态顺堤截渗河的建设可以与生态环境建设结合起来,进行景观设计,开发旅游功能。

　　生态顺堤截渗河的建设可以根据湖东堤各段的不同特点,分段修建。

　　(1)泗河—青山段。通过调研,泗河—青山段的主要问题表现在居民不合理占用湖东堤,居民房屋直接建设于大堤上,对于大堤的防洪以及居民的安全保障产生一定的影响。这对顺堤截渗河的建设提出了2种方案:方案1,距离大堤100 m选择合适的位置进行重新建设;方案2,对非法占用大堤的住房进行迁移,在已有截渗沟渠的基础上扩建。截渗河位置可从泗河开始,至青山入湖。

　　(2)界河—城郭河段。界河—城郭河段具有较好的建设条件,目前已形成一定的截渗沟渠,可在此基础上进行疏通扩建,由界河开始建设,一直跨过城郭河由老运河入湖内。地形优势比较明显,上下高差可达到2 m,被拦蓄的渗水直接通过自流的方式进入下级湖。目前,此段面临的工程问题主要是界河—老运河需要跨7条河流的入湖口,截断了截渗沟向下游的排泄,可通过倒虹吸工程,将分段的顺堤截渗沟连通起来,实现截渗排水的目的。

## (四)基于洪水资源化的沉陷区治理与利用模式

　　湖东堤沉陷区具有面积大、分布范围广、持续沉降等特点,当地居民开发利用的难度较大。在对塌陷区的治理利用方面,一是要通过科学的开采管理方式,尽量减小塌陷区的面积;二是对已有塌陷区进行合理的开发利用。对于沉陷区,可采取基于洪水资源化的利用模式,即利用已经达到稳定的沉陷区,根据地形特点,修建滞洪水库或者人工湖,结合生态园林设计,利用国土资源整治的成果,因地制宜发展生态旅游业。一方面可利用塌陷区人工湖进行分洪滞洪;另一方面,也可将未达到蓄滞洪区运用标准的洪水,也相机引入水库,满足自身的生态需水,实现洪水资源化的目的。

由于沉陷区面积较大,分布并不连续,因此对于沉陷区开发利用,可采用边示范边推广的建设方式开展。首先,选择较小规模的示范点,在进行开发利用的过程中,总结成功经验,继而将该模式推广,最终实现塌陷区的综合治理。

### (五)河口生态湿地建设发展模式

新薛河—郗山段位于二级坝以下,湖区水位较低,滨湖涝洼地规模相对较小。涝洼地区仍以"台田 - 鱼塘"农业发展模式为主,河流入湖口处可进行生态湿地建设,发展湿地旅游。2005 年,山东省在新薛河入湖橡胶坝处建设了 5 000 亩的新薛河人工湿地水质净化工程,一方面对入湖河水进行净化,另一方面修复湖滨带湿地生态系统,提高湖泊自净能力,并减少了台田开垦造成的面源污染。其中,人工种植芦竹、芦苇、菱角、莲藕、马蹄等 3 000 亩,自然修复保护当地芦苇、香蒲、藻类等水生植物 2 000 亩。同时在微山湖设立了 8 万亩湿地保护区。

工程运行效果显示,人工湿地对污染物的降解成效明显,在湿地植物茂盛期,COD 去除率为30% ~60%,氨氮去除率可达到35% ~65%。同时,利用现有的地形和地貌,在湿地内种植了芦苇、菱角、莲藕、香蒲等本土植物,使得当地农民的收入由原先种植大豆和小麦的 12 750 元/hm² 增加到 22 500 元/hm²,经济效益显著。同时,南四湖新薛河湿地已成为山东省环保科普教育基地,社会效益显著。

因此,新薛河—郗山段滞洪区可以参考已建新薛河人工湿地的建设模式,发展生态湿地旅游产业,逐步发展成为集污染控制、科学研究、生态旅游、环保教育为一体的大型生态湿地基地中心。

### (六)基于洪水淹没的区域发展构想

上述发展模式是根据南四湖湖东堤滞洪区各自的特点,提出的具有针对性的开发利用模式。在此基础上,本书从洪水淹没的时间、淹没的范围等层面提出一个长远的滞洪区发展模式。

1.滞洪区超标准洪水淹没分析

南四湖遭遇 50 年一遇洪水,上级湖南阳湖水位超过 37.0 m,下级湖微山湖水位超过 36.5 m,湖东、湖西堤的堤脚处水深在 3.5 m 以上,局部地段水深可达 4.5 m,防汛进入紧急状态。根据预警系统,当预报上级湖南阳湖水位超过 36.5 m 时,二级坝枢纽敞泄,湖东堤滞洪区启用;当下级湖微山湖水位超过 36.0 m 时,韩庄枢纽敞泄,蔺家坝闸泄洪。

湖东滞洪区可能淹没区是根据湖东堤防的情况来确定的。可能淹没区沿南四湖湖东堤自北向南,由泗河—青山、界河—北沙河(地面高程在 37.00 m 以下)、新薛河—郗山(地面高程在 36.50 m 以下)和郗山—韩庄(地面高程在 35.00 m 以下)四片区域组成。

湖东堤滞洪区超标准洪水淹没预测范围如图 7-11 所示。

2. 发展构想

根据滞洪区启用的次序、分洪时淹没范围、淹没时间以及淹没深度的不同将滞洪区区域划分为 3 级。根据不同级别的滞洪区提出相应的发展模式。本书针对南四湖滞洪区的特点提出"安全居住 – 风险生产 – 开发生态湿地旅游"相结合的宏观发展模式。Ⅰ级滞洪区重点发展湿地旅游,Ⅱ级滞洪区重点进行农业生产,Ⅲ级滞洪区可用于居民居住。

1) Ⅰ级滞洪区发展模式

Ⅰ级滞洪区受到洪水淹没的风险最大,是在分洪过程中首先遭受淹没的区域,应不允许兴建公共建筑物和私人住宅,限制发展农业生产,主要进行湿地、池塘等建设,发展湿地旅游景观,湿地一方面可以起到行洪滞洪的作用;另一方面可以发展湿地景观、垂钓等旅游业,促进经济的发展。Ⅰ级滞洪区重点进行生态湿地建设,开发生态旅游发展模式。主要包括生态湿地建设,湿地观光、观鸟生态旅游模式,渔场垂钓、捕猎度假模式等。

2) Ⅱ级滞洪区发展模式

Ⅱ级滞洪区地势较高,淹没的深度相对较小,淹没的时间有一定滞后,但也不允许兴建私人住宅进行长期居住。Ⅱ级滞洪区发展模式以农业风险生产和临时旅游建筑开发为主。可建立农业观光、品尝、农作生态旅游模式。利用高新技术,建立高效生态农业模式,强化生产过程

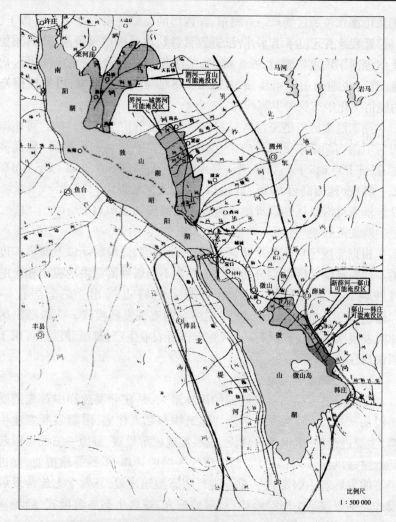

**图 7-11　湖东堤滞洪区超标准洪水淹没预测范围**

的生态性、趣味性、艺术性,组建多姿多趣的农业观光园,为游人提供观赏和研究农业生态环境的场所;利用开放成熟期的果园、菜园、瓜园等,供游客观景、赏花、采摘,让游客去体验那种自摘自食的农耕生活,享受田园风光的悠乐。

3) Ⅲ级滞洪区发展模式

Ⅲ级滞洪区位于洪水淹没的最后区域,地形相对较高,淹没的深度最小,淹没滞后的时间最长。因此,在具有一定防洪措施的保护下,可建设长久居住区。结合Ⅰ级、Ⅱ级滞洪区的旅游模式开发,可发展相关的民俗文化生态旅游发展模式。

## 四、结论与建议

### (一) 结论

(1)南四湖湖东堤滞洪区包括三段,泗河—青山段、界河—城郭河段与新薛河—郗山段。湖东堤滞洪区主要作用是减轻下游韩庄运河、中运河防洪的压力,确保南四湖西大堤的安全。目前,湖东堤工程石佛—泗河及二级坝—新薛河按1957年洪水(约为90年一遇)设计,蓄滞洪区堤段是按50年一遇洪水设计。湖东堤滞洪区地面高程为32.79~36.79 m,滞洪总面积262.3 km²。

(2)湖东堤滞洪区目前无专门滞洪管理机构。现状滞洪区内存在的防洪问题主要表现在防洪基础设施缺少,通信报警设施差,已有设施陈旧,工程标准低,远达不到滞洪区的滞洪报警、调度及防洪要求。

(3)开发利用方面滞洪区产业结构以农业种植为主,经济较为落后,并且由于滨湖地面高程低于南四湖常年蓄水位,形成大面积滨湖涝洼地,造成农田破坏,农业产量严重下降;滞洪区煤矿资源丰富,大规模高强度的煤田开采造成了地面沉降,形成大面积沉陷区,同时造成湖东堤沉降,影响防洪安全。

(4)针对滨湖涝洼地的特点,湖东堤滞洪区建议采用"台田-鱼塘"二元结构的农业发展模式,将农业种植与渔业养殖有机结合起来,发展当地的经济,提高人民生活水平。同时,泗河—青山段和界河—城郭河段可结合滞洪区内地形坡度,沿湖东大堤建设一条生态顺堤截渗河,将拦蓄的湖内渗水直接通过顺堤河排入下级湖,保证滞洪区内的农田有水灌溉,从根本上解决滨湖涝洼地的问题。

(5)沉陷区主要集中在泗河—青山段和界河—城郭河段,采取治理与开发相结合的发展思路,本次提出基于洪水资源化沉陷区治理利用模式,即利用已经达到稳定的沉陷区,修建滞洪水库或者人工湖,结合生态园林设计,因地制宜发展生态旅游业。可利用塌陷区人工湖进行分洪滞洪,也可将未达到蓄滞洪区运用标准的洪水,也相机引入水库,满足自身的生态需水,实现洪水资源化的目的。

(6)目前,新薛河入湖口已建成5 000亩的新薛河人工湿地水质净化工程,新薛河—郗山段可参考已建新薛河人工湿地的建设模式,发展生态湿地旅游产业。

(7)绘制了超标准洪水淹没范围图,在此基础上,提出了基于洪水淹没的区域发展构想,针对南四湖滞洪区的特点提出"安全居住–风险生产–开发生态湿地旅游"相结合的宏观发展模式。

**(二)建议**

(1)加大政府投资力度,尽快建设避洪楼、撤退道路、庄台、避洪台、通信报警系统等防洪基础设施,达到滞洪区的防洪标准,保障群众生命安全,减少财产损失。

(2)组织科研人员对滨湖涝洼地和沉陷区进行详细研究,对泗河—青山段和界河—城郭河段生态顺堤截渗河建设和人工建设的沉陷区治理模式进行可行性研究。

(3)结合新薛河入湖口人工湿地水体净化工程,逐步将新薛河—郗山段发展成为集污染控制、科学研究、生态旅游、环保教育于一体的大型生态湿地基地中心。

(4)开展以南四湖湖东堤滞洪区防洪与开发利用模式为核心内容的专题研究,为南四湖湖东堤的开发利用及经济建设提供指导,包括:①湖东堤滞洪区遥感解译及社会经济分析。②湖东堤滞洪区超标准洪水淹没数值模拟研究。③湖东滞洪区洪水风险评估分析。④湖东滞洪区功能定位及开发模式研究。⑤生态顺堤截渗河可行性研究。⑥基于洪水资源化的沉陷区生态治理发展模式研究。⑦南四湖人工湿地建设可行性研究。

# 第八章 结语与展望

山东省水资源供需矛盾十分突出,不同地区、不同年份的资源型、工程型和水质型缺水的状况将长时间存在,特别是极端气候出现的概率增加后,矛盾会更加突出,因此在思想上应当引起高度重视。

水资源可持续利用是山东省水利发展的最高目标之一,要达到该目标,需要采用工程、技术、经济、管理、法律、政策、宣传等手段,因地制宜地总结和实践水资源的可持续利用模式。因此,建议各地根据自身特点,探索不同的模式。

水网建设基本完成后,管理成为"木桶效应"中的短板。水资源管理实质上或即将成为一个社会和公共安全问题,由于水资源的自然属性和社会属性、公益性、不确定性,决定了实行最严格的水资源管理达到国土资源管理水平异常困难,因此建议在坚定不移地落实最严格水资源管理制度的同时,先易后难,重点突破,整体推进。

山东省水资源可持续利用面临的形势严峻,用传统的理论与方法解决水资源可持续利用问题已经勉为其难,坚持人与自然和谐相处,以科技创新为突破口,是推广水资源可持续利用模式切实有效的措施。因此,建议在加强战略性、基础性、前沿性研究的同时,寻求关键技术的突破

在今后的水资源管理中,要大力提高水资源利用效率和效益,积极倡导需水管理,以水资源利用方式的转变来引导生产力布局和经济发展方式的转变,引导从粗放利用、过度利用和无序利用向合理、有序、高效利用水资源的方式转变。进一步加强水资源优化配置与统一调度,兼顾上下游、左右岸、贫水区和丰水区、发达地区和落后地区、城镇地区和农村地区的多方利益。

大力推进节水型社会建设,积极鼓励非常规水资源利用,积极稳妥推行水价改革,构建科学合理的水价体系,加强水生态建设,切实保护

与修复水生态系统,构建人水和谐社会。探讨水权理论,借鉴成功经验,研究工业反哺农业、城市支持农村的水资源利用生态补偿机制。

加强水资源信息化建设,加强水资源动态监测和监控体系建设,提高水资源管理决策和公共服务水平,为各级政府应对水灾害、气候变化和供水突发事件、水资源调度配置工程建设、水功能区划及区域开发、水资源开发利用等方面提供服务。

# 参 考 文 献

[1] 刘勇毅,王维平. 现代化水网建设与水资源优化配置[M]. 济南:山东人民出版社,2003.

[2] 山东省水利厅. 山东省水利统计年鉴2008[M]. 济南:山东省水利厅,2009.

[3] 山东省水利厅. 21世纪初期山东省农村水利发展战略研究[M]. 济南:山东省地图出版社,2006.

[4] 吴季松. 中国可以不缺水[M]. 北京:北京出版社,2005.

[5] 董哲仁,孙东亚. 生态水利工程原理与技术[M]. 北京:中国水利水电出版社,2007.

[6] 左其亭,张云. 人水和谐量化研究方法及应用[M]. 北京:中国水利水电出版社,2009.

[7] 王浩,汪林. 水资源配置理论与方法探讨[J]. 水利规划与设计,2004(3):50-56.

[8] 赵勇. 广义水资源合理配置研究[D]. 北京:中国水利水电科学研究院,2006.

[9] 孙贻让. 山东水利[M]. 济南:山东科学技术出版社,1997.

[10] 翁文斌,王忠静,赵建世. 现代水资源规划——理论、方法和技术[M]. 北京:清华大学出版社,2003.

[11] Daniel P Loucks,Eelco Van Beek. 水资源系统规划与管理[M]. 王世龙,李向东,等译. 北京:中国水利水电出版社,2007.

[12] Daniel P Loucks,John S Gladwell. 水资源系统的可持续性标准[M]. 王建龙,译. 北京:清华大学出版社,2003.